青少年 科普图书馆

图说生物世界

# 珊瑚藻的声明：我不是石头

## ——藻类植物

侯书议 主编

上海科学普及出版社

**图书在版编目（ＣＩＰ）数据**

珊瑚藻的声明：我不是石头：藻类植物 / 侯书议主编. —上海：上海科学普及出版社，2013.4（2022.6重印）

（图说生物世界）

ISBN 978-7-5427-5599-5

Ⅰ. ①珊… Ⅱ. ①侯… Ⅲ. ①藻类－青年读物②藻类－少年读物 Ⅳ. ①Q949.2-49

中国版本图书馆 CIP 数据核字(2012)第 271783 号

**责任编辑** 张立列 李 蕾

图说生物世界

**珊瑚藻的声明：我不是石头——藻类植物**

侯书议 主编

上海科学普及出版社

（上海中山北路 832 号 邮编 200070）

http://www.pspsh.com

———————————————————————

各地新华书店经销 三河市祥达印刷包装有限公司印刷

开本 787×1092 1/12 印张 12 字数 86 000

2013 年 4 月第 1 版 2022 年 6 月第 3 次印刷

———————————————————————

ISBN 978-7-5427-5599-5 定价：35.00 元

# 图说生物世界
## 编 委 会

丛书策划:刘丙海 侯书议

主　　编:侯书议

副 主 编:李　艺

编　　委:丁荣立 文　韬 韩明辉

　　　　　侯亚丽 赵　衡 杨新雨

绘　　画:才珍珍 张晓迪

封面设计:立米图书

排版制作:立米图书

# 前 言

　　藻类家族作为低等生物，一直被人们所忽略，这一点非常遗憾。其实，就是这么一些小小的生命，却给我们人类的生活以及生存环

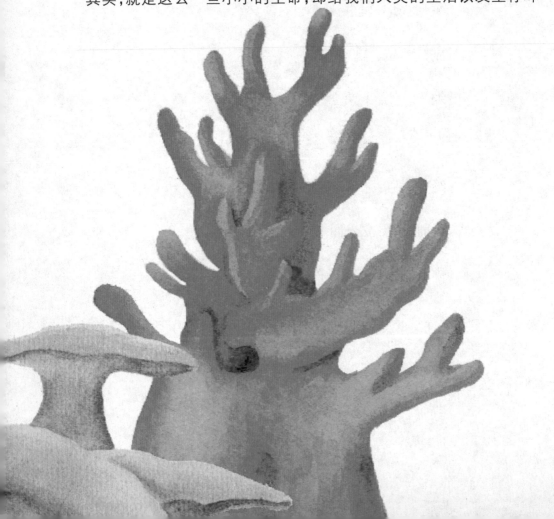

境带来了很大、很多的影响。比如,藻类会释放出很多的氧气,氧气的释放加速了细菌的活动,细菌的活动过程其实就是有机物分解的一个过程,在这个过程中就会起到"净化作用",把污水变成干净的水。同时,藻类也能够提供一种相当于石油的能源,目前世界上有很多科学家,正在从事研究、开发这一科学项目。但有时藻类也会带给人类"灾难"。当一些藻类大面积繁殖时,会造成生态环境恶化等问题。

因此,人类应该尊重科学、利用科学,并与各种生物种类相濡以沫、平等共生。这是人类想继续生存下去必须要做的第一件事情。至少,我们要知道,当地球上其他生物因人为因素而遭遇毁灭时,人类同样也面临灭顶之灾。

# 目录

## 藻类家族族谱

## 藻类的九大门

## 海藻的魔法

## 藻类的外交策略

## 藻类的功与过

## 挖掘藻类"金矿"

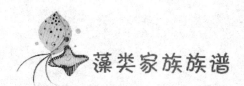

# 藻类家族族谱

关键词：藻类、繁殖、进化史

导　　读：25 亿年前，藻类开始在地球上生长繁衍，它堪称植物的老祖宗。后期登陆地球的植物即从藻类演化而来。

# 藻类是植物的老祖宗

藻类生物是植物的老祖宗,我们生活中常见的花草树木碰到了藻类生物,都要恭敬地叫声"老爷爷好!"。那藻类到底是什么时候诞生的呢? 据生物学家的研究,藻类是在第一个宙诞生的。

什么是宙呢? 宙其实是地质年代的一个单位。而地质年代指的是按照地壳的发展历史划分出的自然阶段。地质年代除了"宙"外,还有"代"、"纪"、"世",它们分别是地质年代时期的第一级、第二级、第三级、第四级。

原来藻类老爷爷在25亿年前就存在了啊!

地质年代的第一个宙,大约开始于 40亿年前,结束于 25 亿年前。藻类就在第一个宙的晚期出现,也就是说,藻类的诞生日期大约在 25 亿年前。

25 亿年前,到底是一个什么样的概念呢?

25 亿年前,恐龙没有诞生,人类当然更不会诞生。

但并不是所有的藻类都诞生在很久很久以前。出生在 25 亿年前( 第一个宙 )的藻类主要是藻类中的低等生物。

嗯，比恐龙宝宝还要早22亿年呢！

# 藻类是怎么繁殖的

藻类是怎么繁殖的呢？它有几种出生方式。

第一种出生方式是营养繁殖。

营养繁殖又分好几种不同的方式。有的是
通过细胞分裂的方式繁殖。什么是细胞分裂
呢？具体说是母细胞分裂成两半，子细胞逐渐
成长，并具有母细胞的形态和结构。也就
是说，藻类母细胞可以用"分身
术"，一分为二。其中一个是藻
类母细胞，而另一个就是跟藻
类母细胞长得一模一样
的藻类子细胞。

有的是通过断裂的方式繁殖。这些藻类母细胞可以用身上的小断片、小块或小段变出一群藻类子细胞。因为每一断片、小块儿或者小段都能再生成一个成熟的藻体，长得跟母细胞一样大！

有的是通过出芽的方式繁殖。这种藻类会生出一个侧芽，侧芽离开母细胞后，就会慢慢长大。

藻类的营养繁殖方式有许多，以上提到的是比较常见的，比较特殊的还有轮藻成员的珠芽繁殖。珠芽指的是在藻体的假根上出现的一种小结节，这种小结节，经过生长、发育，能长出新的轮藻体。另外，黑顶藻的繁殖枝也比较奇特。黑顶藻属的成员身上，有时候会长出一种变形枝，这种变形枝上会有两三个凸起。别看这种凸起像"痘痘"一样难看、讨厌，但

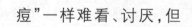

是，它的体内含有丰富的食物！当这个繁殖枝脱离母体后，它就能靠这几个"痘痘"提供的营养，生殖发育，长成新的植物体。

藻类的第二种出生方式是无性生殖。这些藻类母体内会产生一种无性生殖细胞——孢子，孢子在适宜的条件下，可以生长、发育成新的藻体。

藻类的第三种出生方式是有性生殖。这就跟我们人类有些相似了。通过有性生殖出生的藻类，是从合子发育而来的。

藻类的有性生殖是一个笼统的概念，它在具体生殖方式上也是多种多样的。比较常见的有三种：同配生殖、异配生殖和卵式生殖。

同配生殖，指的是在形状、大小、结构和运动能力等方面完全相同的两个配子结合，形成合子，合子再发育成藻类。如果这两个从长相到运动能力都相同的配子来自同一母体，也就是如果它们是一个母体的话，就叫做同宗配合，如果这两个配子来自不同的母体，就叫做异宗配合。

异配生殖，指的是在形状和结构上相同，但是在大小和运动能力方面不同的两个配子结合，形成合子，进而发育成藻类幼体。在异配生殖过程中，个头比较大、运动比较迟缓的配子，是雌配子，充当着母体的角色；而个头比较小、运动能力很强的配子，是雄配子，充当着父体的角色。

卵式生殖，指的是形状大小和结构上都不相同的配子结合，形成合子(受精卵)，进而发育成藻类。卵式生殖的参与者中，大而没有鞭毛、不能运动的配子叫做卵细胞，小而有鞭毛，能够运动的配子称为精子。

从生物进化的角度来看，同配生殖是一种最原始的生殖方式，异配生殖有了进步，而卵式生殖最为先进。

下雨啦

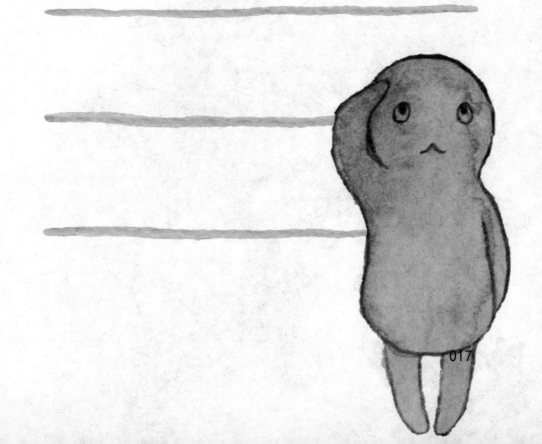

# 藻类进化史

藻类约有 2000 个属，地球上先后存在的藻类种类达 3 万余种。藻类除了年龄大之外，还有一些共同的特征：所有的藻类都器官不全。

器官?藻类也有器官吗?当然有啦！就像人类有"眼睛、嘴巴、鼻子、胳膊、腿"等器官一样,植物通常也有"根、茎、叶"等器官。但是,藻类一大家子都是生物世界中的例外,它们不但器官不全,而且结构简单,有的还没有细胞核。藻类"器官不全"的这个特征,除了表明它们的古老性之外,还表明了它们的低等性。

藻类在生物界中虽然是低等的,但它们并不是一成不变的,整个家族在漫长的时间跨度内,也经历了一场极其复杂的演变。

从 19 亿年前到 4 亿年前,藻类曾经"统治"着海洋,形成过一个繁荣的海生藻类世界。这个海生藻类世界大体上来说,经历过三个阶段:

第一个阶段是距今约 19 亿年前～10 亿年前的单细胞藻类生物

时代,这个时期的藻类结构简单,以单细胞为主;

第二个阶段发生在距今大约 9 亿年前～7 亿年前这个时间跨度内,这个时期出现了不少多细胞藻类,高级藻类开始发展,藻类家族进入到了多细胞藻类时代;

等到距今 7 亿年前～4 亿年前,藻类家族进化到

藻类还有可能是我们的祖先!

第三个阶段——大型海藻时代。到了距今 4 亿年前,随着蕨类植物的兴起和发展,藻类时代宣告结束。

藻类统治时代的结束,并不代表藻类整个家族的灭亡。虽然有些藻类已经变成了地层中古老的化石,但仍然有许多藻类生物经受住了时间、气候等考验,幸存下来并正常地生存发展,一直延续到今天。

其实,藻类不但自身"稳

健"地进行着发展,还扩充了藻类这个"大帮派"的势力。据科学家推测,它们中的某些种类,还曾积极"修炼",进化成了其他高等植物,是高等植物的祖先。

具体来说,科学家们一般认为,在距今 5 亿年前后,一些多细胞藻类,分化成了两支:一支进化为苔藓植物,并且通过不停地发展,扩张势力,最后发展成了"苔藓植物门"。

苔藓门的植物继承了藻类植物的古老性和低等性,它们的"器官"发育不完全,没有真正的根、茎、叶,只能生活在水中或是相对来说比较潮湿的地方;另一支进化成维管植物,它们的"器官"逐渐变得清晰起来,发展成了具备根、茎、叶的蕨类植物,并且逐渐脱离水环境,开始在陆地上"安寨筑营"。

科学家们研究发现,藻类除了是植物的祖先之外,极有可能也是动物的祖先。关于这一点,虽然现在还没有定论,但这个说法还是得到了不少科学家的认可。

为什么科学家们会将藻类奉为动物的祖先呢?主要是藻类中的某些种类,比如鞭毛藻,虽然能够进行光合作用,具备植物的特性,但它同时还有能够运动的鞭毛,具有动物的特性,单从这点来看,藻类作为动物的祖先,进化成单细胞的原生动物,这种可能性还是可以成立的。

 藻类的九大门

关键词:藻类分类、蓝藻门、绿藻门、红藻门、褐藻门、裸藻门、硅藻门、甲藻门、金藻门、黄藻门

导　读:以光合色素的种类与含量作为主要指标,结合鞭毛、细胞壁、眼点、繁殖方式以及生活环境等方面的不同,藻类可以划分成九门,即:蓝藻门、绿藻门、红藻门、褐藻门、裸藻门、硅藻门、甲藻门、金藻门、黄藻门。

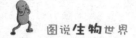 

# 藻类的分类

人类因种族、国别不同,就会有或大或小的差别。比如,非洲人的皮肤黑得像煤炭,而美洲人的皮肤白得却像雪花。有人眼睛小得像黄豆,有人眼睛大得却像是杏仁。

藻类也跟人类一样,在形态、结构等方面也有各种各样的差别。

比如,有的藻类个头很大,有的个头则很小。大的藻类能长到几十米,跟高楼大厦一样高呢!小的藻类只有几微米,摞起来叠罗汉,1万个叠在一起,说不定还没有一粒米高哩!

藻类不但身高不同,样子也极大地不同!有的长得像小女生头发上扎的丝带,有的像是冬天老树上面光秃秃的枝丫,有的则像轻盈灵动的羽毛。

人类的皮肤主要有三种颜色:黄、白、黑;那么,藻类的皮肤是否也像人类一样具有多样性呢?是的,藻类同样有好多种颜色,比如:红、褐、绿、蓝、黄等。

我们人类根据身高、肤色、生活环境等方面的不同,可以分为黄色人种、白色人种和黑色人种。而藻类可比我们人类复杂得多,它们

藻类宝宝特征：

形态：大的像高楼大厦，

小的像小罂儿，最小的都看不到呢

样子：有的长得像小女生头发上扎的丝带，

有的像是冬天老树上面光秃秃的枝丫，

有的则像轻盈灵动的羽毛

颜色：红、褐、绿、蓝、黄等

种族：蓝藻门、绿藻门、红藻门、褐藻门、裸藻门、

黄藻门、硅藻门、甲藻门、金藻门

以光合色素的种类与含量作为主要指标，结合鞭毛、细胞壁、眼点、繁殖方式以及生活环境等方面的不同，足足可以划分出9个主要"种族"呢！

这"9个种族"分别是：

蓝藻门、绿藻门、红藻门、褐藻门、裸藻门、金藻门、硅藻门、甲藻门、黄藻门。

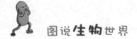 

# 古老的蓝藻门

蓝藻门的藻类生物,是藻类中最古老的,它们不但在藻类家族中年龄最大、资格最老,也是地球上最原始、最古老的一种生物类群。蓝藻除了"蓝藻"这个名字外,还有两个别名,一个叫做"蓝绿藻",一个叫做"蓝细菌"。

蓝藻门下面可分许多"目","目"下面又可分许多"属",这些属加起来差不多有150个呢!属有大有小,其中比较大,比较常见的属主要有:色球藻属、微囊藻属、颤藻属、念珠藻属及鱼腥藻属等。

既然是同门同属必须有一些共同特征。那蓝藻门这个大帮派里的成员身上都有什么共同特征呢?

蓝藻门成员的细胞大部分是原核细胞。什么是原核细胞呢?当我们的眼睛看一种生物的时候,只能看到它的外表,什么样子,由什么组成的,譬如我们看到的植物是由根、茎、叶组成的。但是,当我们用显微镜看植物的时候,就会发现,植物的根、茎、叶其实都是由一个或者多个细胞构成的。许多生物的细胞都包含细胞核、细胞质、细胞膜、细胞壁,而细胞核内又包含核仁、核质和核膜。而蓝藻却没有真正的细胞核,也没有核膜和核仁,只有核质,具有核的功能,这样的核被称为原核,由原核构成的细胞叫原核细胞。由原核细胞构成的生物称为原核生物,均为单细胞生物,属于进化地位较低的生物。

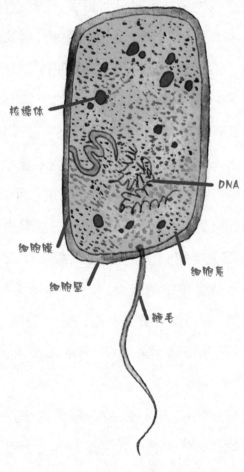

原核细胞结构图

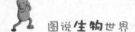 

另外，生物的细胞质内一般会有许多细胞器。比如：叶绿体、线粒体、核糖体、内质网、高尔基体、溶酶体等等。但蓝藻的细胞质里却只含有一种细胞器，那就是核糖体。

"器官残缺不全"的生物并不是只有蓝藻，还有细菌、放线菌、支原体、立克次氏体、衣原体、螺旋体，这6种生物，再加上蓝藻，被统称为原核生物。而它们的细胞被称作"原核细胞"。

原核细胞的体积一般都很小，而蓝藻细胞的体积却比一般的原核细胞大得多。究竟有多大呢？说出来吓死你！蓝藻细胞的直径一般在10微米(1毫米=1000微米)左右。10微米是个什么概念呢？告诉你，1000个10微米加起来差不多有我们的指甲盖这么大。

蓝藻门成员的细胞壁，也就是细胞的皮肤，主要由两层组成：内层是纤维素，很薄，却很坚固；外层主要由果胶质构成，具有一定的厚度。另外，细胞外也就是皮肤的表面，长着胶被或者胶鞘。胶被、胶鞘有的是无色透明的，有的具有黄、褐、红、紫、蓝等颜色。胶被、胶鞘有的像人类皮肤一样，表面是平滑的，但有的却像大山的皮肤一样起伏不平。

生物之所以会呈现出红、黄、绿、蓝等颜色的差别，主要是因为受到体内色素的影响。有的生物的色素是均匀地分散在体内，有的生物的色素则是装在容器内，这个容器就叫做"色素体"。

蓝藻门的成员一般都没有色素体，它们的色素就是均匀地散布在细胞内的。蓝藻门成员的皮肤虽然看起来是一种颜色，但它体内长的"色素"可多着呢！像叶绿素 a、胡萝卜素、藻胆素（藻胆素的构成是：藻蓝素 + 藻红素 + 别藻蓝素）等。

蓝藻门成员的同化产物主要是蓝藻淀粉。淀粉知道吧？它是一种多糖。像我们平常喜欢吃的土豆，它的体内就含有许多淀粉。

同化指的又是什么呢？同化指的是生物"合成代谢"的方式，即生物体把从外部环境中获取的营养物质转变成自身的组成物质，并最终转化成能量的一个过程。"同化作用（合成代谢）"是植物们喜欢的一种运动方式。蓝藻门的成员在进行同化运动时，合成了自身的有机物，这种有机物就是蓝藻淀粉。

蓝藻能和我们一样产生淀粉

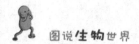 
# 蓝藻门成员的出生方式

　　蓝藻门成员的出生方式有两种:一种是营养繁殖,另一种是孢子繁殖。至于什么是孢子呢?我们前面已经提到过,它是一种无性生殖细胞,可以看做是藻类的前身。蓝藻门的成员能够产生的孢子可不是一模一样的,种类极其繁多,大致上有:内生孢子、外生孢子、厚壁孢子、藻殖段和藻殖孢。

　　内生孢子,指的是细胞的原生质体分裂成许多小型的孢子,它

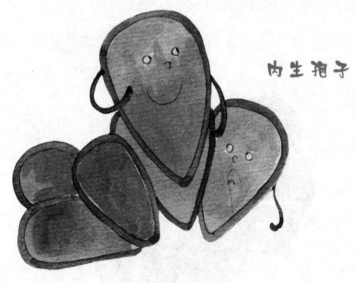

内生孢子

在蓝藻门中十分稀少，所以很少能够见到，一般只在管藻目和其他目的少数成员中才会发生。

外生孢子，它是内生孢子的一种特殊类型，一般长在单细胞的管孢藻属和列管藻属成员中。

外生孢子

厚壁孢子，主要生长在丝状体的成员中。它本来也是普通的营养细胞，但因为它比较"贪吃"，所以积累了丰富的营养，导致细胞壁逐渐增厚，它就成了皮比较厚的"小胖子"。厚壁孢子的营养物质也不是"白吃"的，因为它的皮比较厚，所以生命力极其顽强，即便是在环境条件极其恶劣的环境下，也能自动休眠，像一个蒙着头睡大觉的小懒虫一样。不过，过一段时间，等到自然环境条件变得适应它的

生长了,它就会自然醒来,然后"伸上一个小懒腰",照样能够"蹭蹭蹭"地长个子,直到发育成一株新的藻体。

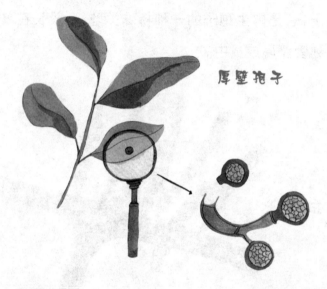

厚壁孢子

藻殖段,还有两个名字:段殖体、连锁体。名字这么多,那它到底是个什么东西呢？它其实就是一些短小的藻丝分段,而这些名字就是因为藻丝分段的生长特点才给它取的名字。藻丝分段的形成主要有两方面的原因:一个是因为蓝藻藻丝上的两个营养细胞间生出的胶质隔片断开形成的;还有一个原因是因为间生的两个异形胞断开之后形成的。

藻殖孢,也是一种短丝体。不过与藻殖段不同的是它比较文明,知道穿衣服,外部包裹着一层胶鞘。

# 蓝藻的特殊异形胞

蓝藻的藻体从体型，也就是形态上一般可以分为：单细胞体、群体和丝状体。

单细胞体，顾名思义，它指的是整个藻体只由一个细胞组成。

群体，指的是藻体由两个模样、结构和功能完全相同的"双胞胎"或者"多胞胎"细胞集合或者链接而成。

丝状体，也就是藻体看起来像丝带的形状一样，有的丝状体是单条，没有分枝，有的具有多分枝，有的具有假分枝。

丝状体蓝藻细胞里有一类比较奇特的细胞，它们的名字叫做异形胞。异形胞奇特之处在于它能够变身。它是由普通的营养细胞"变身"而来的。

孙悟空变身是为了打妖怪、侦探敌情。那么，蓝藻的普通细胞"变身"又是为了什么呢？告诉你吧，普通细胞变身成为异形胞，主要与蓝藻繁殖下一代有关。

除此之外，生长着异形胞的蓝藻还有一个特异功能——生物固氮。生物固氮是固氮微生物特有的一项生理功能，固氮微生物主要

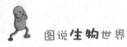 

## 异形胞的特异功能

繁衍下一代

另一个特异功能——固氮

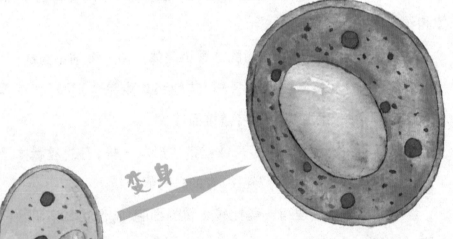

变身

异形胞

营养细胞

哇！

包括细菌、放线菌和真菌。

　　蓝藻呢，又称为蓝细菌，它也是"固氮大军"中的一员。具体说来，蓝藻的固氮功能是指它能发挥"神通"，将大气中的氮气转化为"氨"等含氮的化合物。氮气明明在大气中就存在，为什么还要费劲儿地将它转化为含"氮"的化合物呢？原来，氮元素对大自然中的生物，包括植物、动物，当然还包括我们人类来说非常重要。生物生命活动都离不开氮元素，但生物又很"笨"，不能直接从空气中吸收氮元素。这个时候，生物就非常需要蓝藻等微生物的帮忙，"请"它们将大气中的氮转化成"氨"等含氮的化合物，然后从这些化合物中摄取"氮"，进而来维持基本的生命活动。

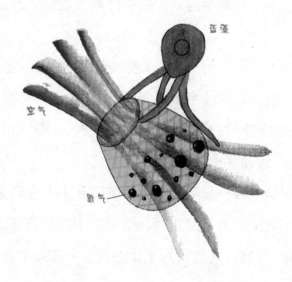

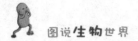 

# 蓝藻门成员的毒性

蓝藻被科学界划归为原核生物界,也就是说,它既不属于我们熟知的植物种类,也不属于动物种类;蓝藻还被称作蓝细菌,但是,它也并不归属于细菌这一种类。

蓝藻就是这样一类原核生物,含有大量的蓝藻毒素。据科学家研究,这些蓝藻释放的毒素种类有很多种。根据它的危害方式不同,大体分为肝毒素和神经毒素。肝毒素主要对人体的肝脏发起攻击,并引起病变。神经毒素主要对人的神经系统发起攻击,导致人类的身体不适等。

除了这两大毒素之外,那些死亡的蓝藻遗体,还会向水中释放一种对人类皮肤产生腐蚀性的毒素,比如接触了含有蓝藻毒素的水体,会感到皮肤发痒,乃至引起皮疹等。同时,长期饮用含有蓝藻毒素的水,易引起急性肝功能障碍,甚至死亡。

最为重要的一点,蓝藻释放的毒素还是个十分顽固的家伙,煮沸的开水并不能消灭蓝藻毒素。因此,如果附近有蓝藻出没的水体,一定要通过化学检测,才能辨别水体是否含有蓝藻毒素。

# 蓝藻的水上漂神功

武侠小说中的大侠之所以被大家羡慕,是因为他们有会飞檐走壁,会草上飞,会水上漂的神奇功夫。

蓝藻帮内的一部分成员也能水上漂,那它们是不是也像大侠那样有内力或者轻功呢?当然不是啦!蓝藻能够水上漂,靠的是它体内的一种秘密宝贝——伪空泡。

伪空泡还有一个名字,叫做假空泡。别看它们的名字又是带"假",又是带"伪"的,它们可是真功夫! 它们能为蓝藻提供浮力,成功实现在水上漂的美梦。

另外,拥有伪空泡的蓝藻可聪明了,它们能够通过浮力调节改变在水柱中的位置, 用来适应水体中呈垂直方向分布的光照和水分,从而更好地从水体中获取有限的资源。正因为这么聪明,它们才能成为生物世界里的优势品种、佼佼者。

伪空泡到底长得什么样子呢?伪空泡从外形上看起来是两端为锥形帽的圆柱体中空结构。伪空泡能发挥神效,和它的皮肤也就是泡壁的特征有很大关系。

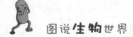 

伪空泡的泡壁主要有两方面的特征：

一、具有疏水性的内表面，换句话说，它的内表面具有防水功能，既能够阻止水分子进入伪空泡，又可以让气体分子自由扩散进入伪空泡。

二、伪空泡的泡壁能承受住来自水里的压强，保持不破裂的状态，从而正常工作，给蓝藻提供浮力。

# 蓝藻门分布地球各个角落

　　蓝藻门下各个"属"分布在地球上的许多角落。比如：淡水湖泊，海水，潮湿、干旱的土壤和岩石，温泉，冰雪，盐卤池，岩石缝等。对了，它们中间还有比较喜欢"高楼层"的物种，强悍到可以在树上，甚至是树叶上生存。还有一些厉害的蓝藻，能够穿入钙质岩石或钙质皮壳中生活。

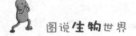

　　它们当中的许多都是普生性质的。比如,陆生蓝藻中的地木耳,它们不但能够生活在热带、亚热带和温带,还能生活在寒带,甚至在极度寒冷的南极洲也能生活。因此,可以说蓝藻门的成员都是"真汉子",在逆境中的生存能力非常强。

　　它们极度耐旱,有些干燥的标本存储65～106年还可以保持活力,只要给它们适宜的环境条件,照样可以长出新的藻体。

　　它们不怕热,在76℃的水中,鸡蛋可能会被煮熟,但是,有些蓝藻却能在这种环境下正常生长、繁殖。

　　它们还不怕冷,地木耳能够在南极洲正常生长。

　　除此之外,还有许多蓝藻能在南极的湖泊里顽强生长,长得高高壮壮的,构成了南极湖底的丛林。

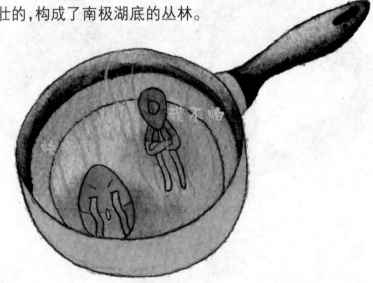

# 破坏水环境的微囊藻

蓝藻门等级森严，"门"下一共有 6 目。分别是：蓝球藻目（色球藻目）、颤藻目、念珠藻目、多列藻目、管胞藻目、瘤皮藻目。"目"下面分"属"，大大小小的属加起来，一共有 150多属。

微囊藻属是蓝藻门，色球藻目下的一属。它有个别名叫做多胞藻属。

微囊藻属的成员也像其他生物一样，是由细胞构成的。它们的细胞是球形，或者是半球形的。还有一些微囊藻属成员的细胞壁看起来是一个六边形的结构。人类组成群体要排队，微囊藻属组成群体也要排队！排队期间，有的细胞比较讲纪律，遵纪守法，排列出的群体就紧密而规则，但有的细胞就不讲纪律，比较懒散，排列出的群体就松散且不规则。不过，不管它们的队伍纪律怎么样，反正组合成的群体外边都有一层胶被。胶被一般是没有颜色或有淡淡的黄绿色，外表有一层坚固的薄层。有的薄层，也就是胶被，长得很醒目，一眼就能被看出来，但有的胶被却轮廓模糊，看得不是很清楚。

微囊藻属的成员们排列出的队伍，也就是群体，它们的长相千

奇百怪。有的长得圆圆的,像脚下踢的皮球(当然没有皮球那么大,只是形状上相似),有的长得像是不规则的网状,或者网格的形状,还有的长得像是树叶或者长带子的形状。

微囊藻属的群体有大有小,但不管大小,都身轻如燕,能在水面上自由漂浮。这是因为微囊藻属的大部分成员都有颗粒状、泡沫性的假空泡。

微囊藻属近些年非常出名的原因是在世界范围内,水体富营养化的现象越来越严重。水体富营养化指的是由于我们人类的一些不文明行为,比如,将工业废水排进江河湖海后,引起了藻类以及其他浮游生物大量、快速繁殖,水体溶解氧量下降,水质恶化,鱼类和其他生物大量死亡的现象。这种现象如果在河流湖泊中出现,称为水华,如果在海洋中出现,称作赤潮。

由于微囊藻属的许多种类是生活在淡水湖泊中的,所以它们通常只是参与水华的“犯罪分子”。这些“犯罪分子”成员众多,包括铜绿微囊藻、放射微囊藻、水华微囊藻、鱼害微囊藻、挪氏微囊藻、假丝微囊藻、史密斯微囊藻、绿色微囊藻等,它们中的许多种类都含有毒素,所以河水里的鱼虾吞食了它们之后会中毒。

另外,微囊藻属形成水华的时候,人类的肉眼就能看见,它外面的浮膜形成沙絮状,就像铜绿色的油漆,有臭味。人类通常把微囊藻水华称作"湖靛"。

水华的"犯罪分子"活动范围还很广，它们是名副其实的"跨国犯罪分子"，不但在中国出现，还在世界上其他诸多国家从事"水华犯罪"活动。

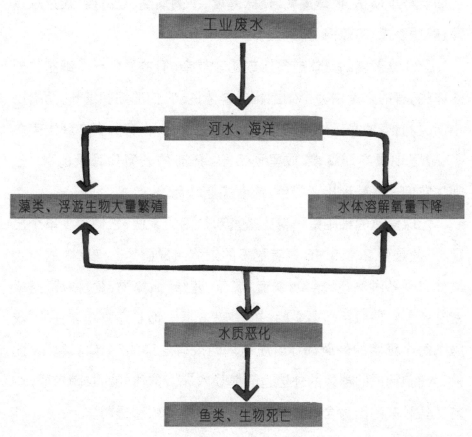

水华、赤潮发生原因

工业废水

↓

河水、海洋

藻类、浮游生物大量繁殖　　　水体溶解氧量下降

水质恶化

鱼类、生物死亡

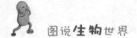 

# 色球藻目的其他"下属"

色球藻目除了大名鼎鼎的微囊藻属外,还有其他的一些"属"。比如蓝纤维藻属、色球藻属、聚球藻属、平列藻属、立方藻属、束球藻属、腔球藻属、隐球藻、隐杆藻。

蓝纤维藻属的藻体成员组成比较复杂。有的是由一个细胞构成藻体的,有的则是由多个细胞构成群体的。它们的细胞细长,两端狭小而尖利,有的身子伸得笔直,姿势比较古板,但有的姿态就优美多了,或呈现螺旋形旋转,或呈现 S 形,还有的长得像耳朵的"C"形呢!它们一般呈现出蓝绿色,或者亮蓝绿色。

色球藻属的细胞是一群比较喜欢热闹的家伙,它们很少单个出现,一般是由 2、4、8、16 或者更多的细胞组成群体。细胞内的原生质体呈现各种颜色,比如:灰蓝、淡蓝、蓝绿、橄榄绿、黄、橘黄、红或紫红色。它们似乎懂得文明,知道穿"衣服",而且还喜欢漂亮的"衣服",每个细胞的外面都穿着质地均匀或有层理的"个体衣鞘"。此外,细胞构成的群体的外边也有胶质衣鞘。群体外的衣鞘较厚、均匀、坚固,有的因为含有较多的水分而显得柔软和透明。

聚球藻属的细胞几何学得好，它们一般呈现出圆柱形、卵形或者椭圆形。它们是喜欢安静的家伙，一般是单个或两个细胞相连在一起，当然，如果有特殊情况发生的话，它们也会集合成团状，但是这种情况比较少见。它们的细胞是"蓝绿色控"或者"深绿色控"，细胞一般会呈现出蓝绿色或深绿色。它们的细胞内有时候会含有微小的颗粒。

平列藻属，藻体的细胞最遵守纪律，最会排队。通常两两成对，两对一组，4个组组成一小群。当集结成许多小群后，就会形成一个平板形状的群体了。平列藻属排队组成的群体扁平、整齐，由单层细胞构成。但是，当群体的细胞不断增加的时候，有些细胞就可能会开始捣乱，玩起叠罗汉，最后整个群体也被它们搞得扭曲变形了。平列藻属的藻体一般是淡蓝绿色或者亮绿色，少数还会呈现出美丽的紫蓝色。

立方藻属，还有一个名字叫做叠球藻属，这种藻体的"平衡能力"非常好，像平衡木体操运动员一样，在植物界中，它们是当之无愧的"平衡冠军"。它们的细胞通常会呈现出立方形，并且排列得井井有序。

束球藻属，还有一个名字叫做楔形藻属。它的藻体的形状一般为球体、卵形、椭圆形。群体细胞也爱扎堆聚会，并且一般都是2个细胞或者 4 个细胞组成一组。另外,束球藻属比较"恋家",比较"团结",不管它们是怎么组合的,每个细胞均和一条"细线"——胶质柄相连,每一组的胶质柄又相互连接,胶质柄多次连接到群体中心,组成一个由中心发出的放射状的胶质柄系统。

　　腔球藻属的细胞形状,并不是单一的,有的看起来像是滚圆的球形,有的则是椭圆形,还有的则是卵形。这些细胞喜欢挤在一起穿一件"衣服",一起被包在一个宽厚的公共衣鞘中。有的公共衣鞘比较朴素,是透明无色的,但有的公共衣鞘则比较潮流、时尚,它们上面还有辐射状的条纹呢。群体细胞在公共衣鞘下,也很遵守纪律,喜欢自觉排队!那它们喜欢什么队形呢?一般情况下,腔球藻属喜欢排列成单层,一个挨着一个,组成一个环形或者圆形的形状,而中央则会形成一个空腔。腔球藻属成员都比较喜欢绿色,它们的细胞一般是蓝绿色、橄榄绿色或者棕榈色。它们的细胞中有的有假空泡,有的则没有。

　　隐球藻的细胞也是比较喜欢群体运动的,它们一般习惯两个或者多个"一起出门",相互集合,从而形成球形、卵形、椭圆形或者形状不定的胶群体。

　　隐杆藻,它的细胞构成的群体比较善变,没有固定形状。但是单个细胞的形状却比较规矩,一般是棒状或者圆柱形、椭圆形。

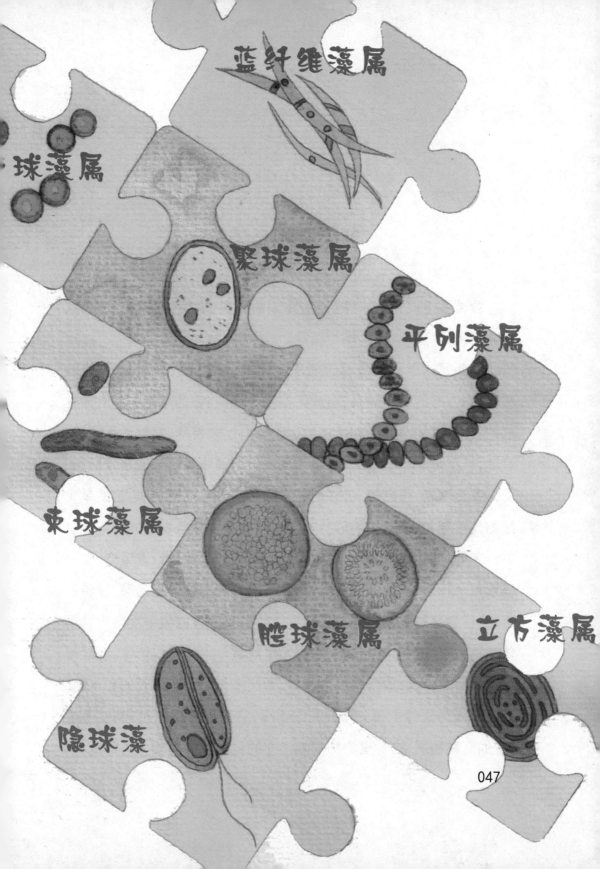

蓝纤维藻属

球藻属

聚球藻属

平列藻属

束球藻属

腔球藻属

立方藻属

隐球藻

047

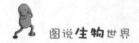 
# 颤藻目的"下属"

颤藻目下面也有一些"属",比如颤藻属、螺旋藻属、束毛藻属、鞘丝藻属、席藻属、钝顶螺旋藻等。

颤藻属的藻体外表看起来是丝状体,有的比较喜欢安静,喜欢单独活动;有的喜欢热闹,结成团抱在一块儿。它的单个细胞有圆柱形的,还有盘子形的。丝状体的运动能力比较特殊,能够进行颤动、滚动,甚至是颤动式滑动呢!颤藻属成员的藻体颜色一般是青蓝色。

螺旋藻属,顾名思义,它们的细胞能够组成螺旋状体。它的单个细胞是筒形,就像笔筒的形状。螺旋藻的藻体是蓝绿色的。

束毛藻属的藻体是丝状体,并且不分枝。其藻丝或直或弯,有的喜欢单一行动,有的则喜欢群体行动,而且它们群体行动时,还特别喜欢"背靠背",侧面相连成束状群体。如果在显微镜下观察束状群体的话,束状群体或呈平行状,或呈放射状。平行状的群体,看起来像泡开后的粉丝;放射状的束状体,看起来像是没有泡开的粉丝团。束毛藻属的物种主要分布在我国南海,它可以产生一种叫做"藻毒素"的有毒物质,这种有毒物质对渔业的正常发展有极大的危害。

## 念珠藻目的"下属"

念珠藻目也是蓝藻门旗下能够叫得上名字的大家族。念珠藻通常出"瘦子"，身体修长。几乎所有成员都是由单列细胞组成的丝状体，其中多数种类都有异形胞，这就大大增强了它们的固氮能力！

念珠藻目下，也有"属"，有一个叫项圈藻属。项圈藻属还有一个名字叫鱼腥藻属。鱼腥藻属的成员，同样有的喜欢单一行动，有的喜欢群集成群体一起行动。它们中有的还喜欢自由漂浮，随遇而安，给人的印象就是特别懒散，有的则特别"粘人"，喜欢粘附在一些物体

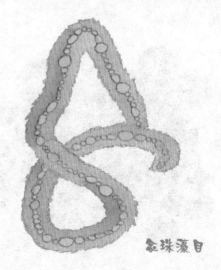

念珠藻目

上,就像抓住救命稻草一样死死不放。

　　鱼腥藻属的成员,其藻丝长得比较均匀,其外边有透明、无色的胶鞘,看上去很是圣洁。而且单个细胞的样子比较多,一般为球形、腰鼓形。告诉你,它们还有一个特点,那就是绝对不会呈现出"盘形",很有个性吧?

　　鱼腥藻属有100多种成员,其中34种都有固氮的本领,真是植物生长的好帮手啊!在鱼腥藻属的成员当中,还有一批"坏蛋",它们通常喜欢"作恶",破坏自然生态环境。像螺旋鱼腥藻、水华鱼腥藻和卷曲鱼腥藻等,那可是池塘、湖泊中形成水华的"惯犯"。

　　念珠藻属,喜欢集结成群,群体的形状一般是团块状。好多都是我们平时常见的。比如,我们比较喜欢吃的地木耳、发菜、葛仙米等都是念珠藻属的成员。

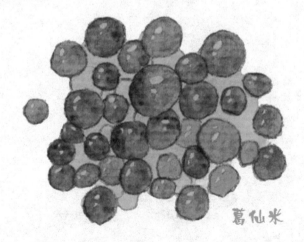

葛仙米

# 强大的绿藻门

绿藻门在藻类家族中势力强大。它旗下大概有 350 属，350 个属下又包含有 8600 多个种类。

绿藻门的成员有一些共同标志，它们细胞的皮肤，也就是细胞壁，一般是两层的，内层是纤维素，外层是果胶质。细胞壁的表面，有的很光滑，有的却比较粗糙，有颗粒、孔纹、瘤、刺毛等。

细胞内，也就是原生质体内，包含有 1 个或者多个细胞核。它体内的细胞器多着呢，比如线粒体、内质网、高尔基体等。它体内色素的种类也比较多，包含叶绿素 a、叶绿素 b、α–胡萝卜素、β–胡萝卜素、叶黄素。绿藻门成员体内色素的种类虽然多，但叶绿素还是占有绝对优势的，要不然，它们的生物体也不会呈现出绿色，得名绿藻了！光合作用的产物主要是淀粉和颗粒状。

比较有趣的是，绿藻门的成员比较有个性，它们体内的运动细胞常常具有两条顶生、等长的鞭毛，当然还有一些比较特殊的细胞，鞭毛会长到 4 条，还有一些异类鞭毛的条数为 1 条、6 条或 8 条。

鞭毛着生的基部，也就是底部，通常有两个伸缩泡。伸缩泡是一

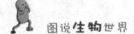

种比较厉害的水分调节器,它可以自由地做伸缩运动,当它处在舒张期的时候,细胞内可以收集液体,从而膨胀起来;当它处于收缩期的时候,细胞内的水分又可以被自动排挤出去。总之,它的作用跟一个自动水闸差不多。

除此之外,绿藻门成员细胞的前部侧面会有一个粉红色的眼点。这个眼点相当于人类的眼睛,但是功能却没有人类的眼睛那么齐全。

绿藻门成员的外形,也是多种多样、形态各异的。有的只有一个细胞构成,比如它"门"下的衣藻属;有的呈现出群体类型,比如:栅列藻属、盘星藻属、团藻属;有的呈现出丝状体类型,比如:水绵属、丝藻属、松藻属;有的呈现出异丝体类型,比如:轮藻属;有的呈现出膜状体类型,比如:石莼属;还有的呈现出管状体类型,比如:浒苔属。

绿藻门成员的出生方式有营养繁殖、无性繁殖和有性繁殖。营养繁殖的种类虽然有很多,但在绿藻门中比较常见、比较流行的方式是细胞分裂。绿藻门的成员在进行无性繁殖的时候,可以产生出各种类型的无性孢子,比如游动孢子、不动孢子、厚壁孢子等。

绿藻门的成员进行有性繁殖的方式也是多种多样的。除了常见的同配、异配、卵配外,还有一种比较特殊的繁殖方式,叫做接合生殖。接合生殖指的是两个细胞相互靠拢形成一个结合部位,然后通过原生质融合生成接合子,再由接合子发育成新个体。

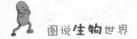

# 绿藻门的聚集地

　　绿藻门"人多势众","门"下的"目"、"属"遍布地球各个角落,从赤道到两极,从高山到平地均有分布。当然,绿藻门的大本营主要在水中。而生长在水中的绿藻门生物,淡水种类占了 90%,海产种类只占了 10%。

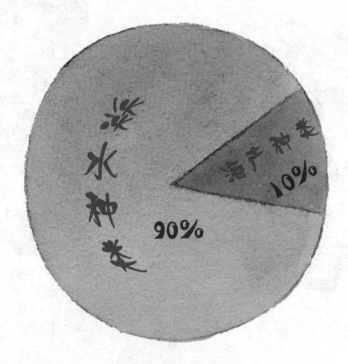

海产种类多数分布在海洋沿岸，它们不喜欢自己呆在一个地方，经常会趴在水面下 10 米上方浅水中的岩石上。绿藻门中淡水种类的分布很广，江河、湖泊、沟渠、积水坑中、潮湿的土壤表面，以及墙壁上、岩石上、树干上、花盆四周,甚至在冰雪上都能找到它们的影子。

绿藻门中有很多潜水的好手，它们喜欢在水中生活;许多单细胞和群体种类比较喜欢游泳,它们主要漂浮在水中生活;而海产的绿藻，却几乎没有浮游的物种,它们一般都寄生在动物的体内,或者与真菌共同生活形成地衣。

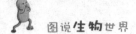 

# 绿藻门下的小球藻和基枝藻

绿藻门是藻类生物中最强势的,"门"下有 2 个"纲",分别是绿藻纲和接合藻纲。

绿藻纲下有 12 个"目",分别是:团藻目、四孢藻目、绿球藻目、丝藻目、胶毛藻目、石莼目、溪菜目、鞘藻目、刚毛藻目、管枝藻目、绒枝藻目和管藻目。

接合藻纲相比绿藻纲势力比较弱,"纲"下只有一个"目",它就是双星藻目。

小球藻属是绿藻门绿球藻目下常见的一种生物。它的个头比较"瘦小",直径只有 3~5 微米,1 万个小球藻集中在一起,才有我们的大拇指指甲盖那么大!别看小球藻个头小,但威力大。它非常受科学家的青睐,并把它誉为"太空旅行必带的植物"呢!为什么科学家会对小球藻另眼相待呢?这主要有以下两方面的原因:

一方面,小球藻光合作用非常强大,能制造出大量的营养物质。据研究发现,小球藻的干粉中,含有 40%~50% 的蛋白质、10%~30% 的脂肪,还含有糖类、矿物质和 11 种维生素。

科学家研究发现，小球藻的营养价值已经大大超过了我们经常食用的鸡蛋、牛肉、大豆等蛋白食物。正是因为小球藻的营养价值很高，贝类、鱼虾的幼体都比较喜欢小球藻，所以钓鱼的时候，想让鱼儿上钩，就带它们喜欢吃的零食——小球藻吧！

另一方面，小球藻的繁殖能力非常旺盛。据研究发现，小球藻在一昼夜之间，可以产生出两三代藻类，而数量能够增加几十倍呢。另外，小球藻的生长速度也非常快，到达生长顶峰的时候，在一天之内，它的体重能够增长 100 倍呢！

基枝藻是绿藻门刚毛藻目中比较有趣的一种生物。它对生活环境质量的要求很高，比较适宜的温度是18℃～24℃。如果水温高于30℃了，基枝藻的生命安全将受到威胁！基枝藻在藻类生物中，算是比较娇贵的一个种类了。但它被人们所熟知，并不是因为它的娇贵，而是因为一种动物——绿毛龟。

绿毛龟在古时候被人称为神龟，它是基枝藻和乌龟的结合。基枝藻长在龟背上，当长成 4、5 厘米以上高度的时候，龟背上会呈现出一层毛茸茸的绿色，看起来漂亮极了，这就是绿毛龟。

基枝藻为什么会趴在龟背上生长呢？是偶然因素，还是由于某种神秘的原因呢？

基枝藻之所以会选择寄居在龟背上，一方面是因为基枝藻比较

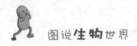

喜欢富含钙类的环境,而龟甲的成分里,差不多50%是钙类,恰好满足了基枝藻的需求;另一方面,基枝藻要趴在龟甲上,需要一些可以攀爬的东西,它又不像我们人类一样有手有脚,这个时候要怎么办呢?告诉你吧,虽然基枝藻没有手脚,但是它有假根啊!利用假根,基枝藻就可以趴在淡水龟身上生长,既不怕被风刮走,也不怕被水冲走。

　　基枝藻虽然喜欢钙类,喜欢龟背,但是天然的绿毛龟其实非常少见。人类为了观赏或是获得祥瑞的征兆,利用基枝藻培养出了一批人工绿毛龟。

　　人工绿毛龟当然也非常漂亮,但是人工培养的过程中,乌龟还是比较辛苦的,它们在和基枝藻结合前期,要停食一周,而整个结合过程中,更要停食差不多一个月呢!

我是基枝藻,不是乌龟毛哦!

## 红色的雪和会跳舞的藻类

衣藻属，是团藻目的属下。它约有 450 种，分布在世界各地，极地也有，是常见藻类。这些藻类主要生活在淡水沟和池塘中，也有的生长在井壁上，也许我们曾经不经意间见到过它们，或许这些藻类太不起眼，并没有被人们所注意到。

衣藻属的成员比较喜欢早春和晚秋的天气，这个时期它们的生长能力旺盛，经常形成大片群落，能使水变成绿色。除了生活在淡水水体中，衣藻属的成员也可以生活在盐水或海水的地带。当然它们中一些成员还有一个特别的癖好——喜欢在脏水沟里生长，某些种类大量繁殖的时候，还能形成水华。

衣藻属的成员比较喜欢单独行动，藻体一般都是由单细胞构成的。而且它的形状也千姿百态，有的呈现球形，有类似篮球形的，也有类似橄榄球形的，有的则像长圆形，有的近似圆柱形，还有更为特别的像我们经常吃的梨形状。它的细胞内有叶绿体，衣藻属藻体的前端有鞭毛，鞭毛基部有伸缩泡，旁边有红色眼点。衣藻属的成员通常选择无性生殖的生殖方式。生殖的时候，藻体经常是静止的，鞭毛

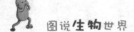 

会收缩，或者脱落变成游动的孢子囊。原生质体能够分裂成 2、4、8、16 个。

衣藻属中还有一种比较有趣的属下——雪衣藻。雪衣藻能够形成红色的雪。什么？红色的雪？这个世界上有红色的雪吗？普通的地方当然看不见这种奇妙的雪，但是在世界最高的山峰——喜马拉雅山，5000 米以上的冰雪表面上，却真的出现了"红色的雪"。这种红色的雪，红得像我们吃的西瓜瓤，而且据说闻起来也有西瓜味呢，所以，人们送给它一个美称——西瓜雪。

西瓜雪的主要成分就有雪衣藻，它之所以能呈现出"西瓜红"的

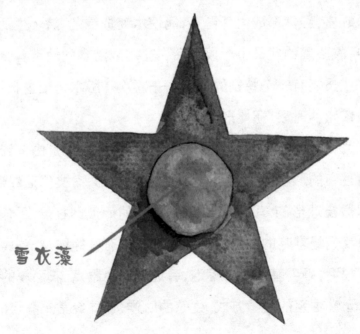

雪衣藻

颜色，那是因为它的体内含有丰富的红色色素。而它们之所以能在喜马拉雅山山顶那么寒冷的地方生存，则是因为它们的细胞里含有大量糖分和油脂类的物质，这种物质可以帮助它们保暖，再加上它们厚厚的细胞壁也能起到保暖的作用，雪衣藻才能够在零下40℃的天气里正常生存。

团藻属，也属于团藻目。团藻属的成员喜欢在春、夏两季出来活动，活动地点则常常在淤积的浅水池沼中。由于生物体最喜欢的就是扎堆凑热闹，因此它们经常会数百甚至是上万地凑在一起，组成球形群体。而且它的单个细胞是衣藻型的。衣藻型的细胞虽然爱凑热闹，但是它们组成的生物体可不是实心的，只是浮在球形的表面上一层，而空心的球形群体里面充满的则是胶质和水。

团藻属体内的细胞只有少数大型的细胞才能进行繁殖，正是这些大型细胞肩负着种族繁衍的重任。

说起团藻属，有人发现了一件神奇的事情：团藻属居然还能跳舞！而且还不止会跳一种，它们不但能跳不断旋转的"华尔兹"，还会跳"小步舞"呢！团藻属为什么会跳舞呢？有科学家分析认为，在它们的繁殖期，团藻属进行跳舞运动能够增加团藻属个体之间在水面上遇到的频率。团藻属跳舞的现象和雄孔雀开屏有异曲同工之妙——雄孔雀开屏就是为了引起雌孔雀的注意！

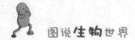 

# 漂亮的绿藻

　　盘星藻属,是绿球藻目中的一属,其生命体通常由 2 ~ 128 个细胞构成定形群体。而且,其细胞还通常排列在一个平面之上。至于什么叫"定形群体",指的是盘星藻属的构成成员是同种类的藻类细胞。反之,不定形群体,指的是它的构成成员是多种细胞。

　　盘星藻属的名字很有趣,它的名字跟它的外貌形状有很大的关系,因为它的形状长得就像天上的星星!

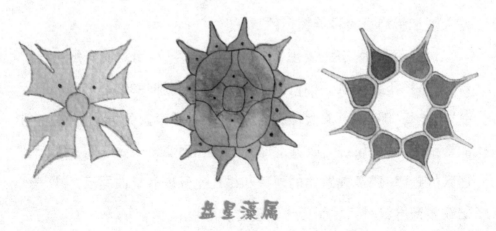

盘星藻属

橘色藻属，是绿藻门、绿藻纲、胶毛藻目下的一属。它是一种气生藻类。气生藻类们不喜欢水比较多的地方，它们一般在树皮上、岩石、墙壁、花盆等不被水浸泡的地方生长。它们虽然不在水中生长，但是它们如果想要生长得比较茂盛，生活环境必须要湿润、潮湿！

橘色藻属的成员主要生长在热带，有时也会在亚热带和温带出现，因为橘色藻成员体内的色素比较显眼，又喜欢生长在树木、岩石等周围，所以常常会形成一些比较漂亮的藻类景观，比如海螺沟红石滩。海螺沟红石滩上的石头是鲜艳的红色，有了这种红色藻类的装扮，石头看起来特别美，有人给这种美丽的石头起了一个名字，叫做"情人石"。

栅列藻属，它的细胞的形状多种多样，比如卵形、椭圆形，还有一种是纺锤形。纺锤形的样子就跟七仙女织布的时候手里拿着的纺锤差不多。

栅列藻属除了长得形状有特色之外，这个属的成员生存能力极强，繁殖极快。在池塘、水坑、沟渠、湖泊中常常能看到它们的身影。不过它们也有弱点，即它不能游动，只好悬浮于水中。所以它喜欢静态的水，而不喜欢流动的水。在静止的水环境中，其繁殖迅速。由于其体内含有较为丰富的营养物质，所以人类加以利用，搞起人工繁殖，从而能够获取大量的饲料，用来饲养家禽、家畜等。

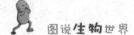

鼓藻科,是绿藻门接合藻纲双星藻目下的一类美丽的单细胞小绿色藻类。它们的细胞对称地分为两半,成为两个"半细胞"。两个半细胞能够围绕各自的细胞核生长,越来越大,直至完全脱离,可以形成两个独立的微生物。鼓藻因为形状美丽独特,还曾在一位荷兰摄影师开办的在线画廊里,作为一种微生物艺术品进行展示呢!

鼓藻科中有一种叫做新月藻属的成员非常漂亮,它的细胞的外形,是像镰刀一样的新月形。在新月形的细胞上下两端分成两个半细胞,每个半细胞中具有一个色素体,细胞两端含有液泡,液泡内还

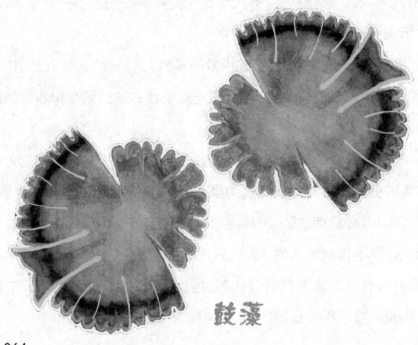

鼓藻

含有石膏晶体呢！

　　刚毛藻属的生物体形状是丝状体，而单个细胞则是圆柱形，底部的细胞则呈现出"根"的形状，被称为"假根"。刚毛藻属的成员有"指示灯"的作用，它对高 pH，也就是酸碱度比较大的水体比较敏感，所以它经常被当做高 pH 水体的指示物。

　　水绵也是绿藻"门"下的一员，它常见于池塘、河流等淡水水域。一旦它的繁殖面积过大时，会遍布于水底，有的则抱成一团漂浮于水面。夏秋时节，是水绵繁殖的最佳时期，它可以通过营养繁殖和有性繁殖两种方式，迅速繁衍子孙后代。

　　水绵还是一种很好的鱼类饲料，用它养殖一些特别种类的鱼，可以生长得更好更快。水绵还能被人们拿来食用呢。在云南一些少数民族地区就有食用水绵的历史。当地的同胞，在水中大量捞拾水绵，然后晒干，就可以作为一种食物了。

　　除了以上提到的几种藻类，绿藻门中还有许多种比较美丽、奇特的藻类，比如：转板藻、双星藻等。

　　这些藻类都有自身的特点，并且，任何一种藻类从它们自身的优势看来，都有对生态环境积极改善的一面。当然，也有许多成员在繁殖过多过快的情况下，会产生负面作用，比如对于水体的污染，对其他水生物造成伤害。

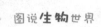

# 艳丽的红藻门

　　蓝藻门以"古老"和"原始"在藻类植物中出名。红藻门中的某些成员的出生日期其实也是很早的,它们的化石曾经在志留纪和泥盆纪的地层中被发现。志留纪,距今天已经有4.38亿年了,而泥盆纪距今也有4亿年。

　　红藻门的成员大多数都"喜欢穿红衣服",藻体颜色以紫红、玫瑰红、暗红色为主。虽然红藻的藻体呈现出的只有一种颜色,但是它的体内一般含有多种色素,比如叶绿素a、叶绿素b、胡萝卜素、叶黄素、藻红素和藻蓝素,一般来说,占优势的是藻红素,所以红藻门的许多成员才能呈现出红色或者紫红色。红藻门下成员的细胞壁一般来说也是两层的,外层是果胶质,而内层为纤维素。它的细胞没有鞭毛,同化产物主要是红藻淀粉、红藻糖。红藻门旗下有558个属,

3740 多种物种,大部分都生长在海水中,只有 10 几个属,有 50 多个种类是生长在淡水中的。

红藻门成员的出生方式也是多种多样的,有营养繁殖、孢子繁殖、有性繁殖等方式。

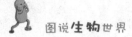

# 美味红藻门

在浅海的礁石上，生长着一种比较常见的红藻门成员。它们喜欢穿紫色的"衣服"，颜色有红紫色的，有黑紫色的，还有绿紫色的。当然，等它们全部晒干的时候，只会呈现出一种颜色，那就是紫色，正是因为这个原因，它被称为紫菜。紫菜味道很鲜美，许多人都喜欢吃。它的体内含有大量的蛋白质、脂肪、糖类以及矿物质和维生素。对了，它的体内还有一种神奇的宝贝呢！这种宝贝的名字叫做碘。

碘是我们人体必不可少的元素，如果少了这种元素，就会得大脖子病呢！大脖子病，在医学上的专业名字叫甲状腺肿大。古时候呢，被称为"瘿症"。现在紫菜是比较常见的食品，但是在古代可宝

贝、稀奇得很，在宋代的时候还被列为皇上享用的"贡品"呢！

除了紫菜外，红藻门中还有许多可以食用的植物，比如：石花菜。石花菜有好多好听的名字：海冻菜、红丝、凤尾、海凉粉。它长得非常漂亮，通体透明，外表看起来就好像是胶冻。它的体内含有大量半乳糖胶的多糖类化合物，是制造琼脂的主要原料。琼脂是什么东西呢？告诉你，这东西你肯定喜欢，因为常见的饮料、果冻、冰淇淋、糕点、软糖和八宝粥等食物中都含有"琼脂"呢！

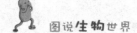 

除此之外,石花菜中的海藻多糖,还被人们称为"肠胃清道夫"。为什么这样说呢？因为"多糖"是所有生命有机体的重要组分,并在控制细胞分裂、调节细胞生长以及维持生命有机体正常代谢等方面具有重要作用。所以,海藻多糖能够清理肠胃,排出体内垃圾。

石花菜

海萝,是红藻门隐丝藻目的一属,它同样有好多名字:鹿角、猴葵、牛毛菜、红菜、红毛菜等等。海萝主要生长在中潮带和高潮带下部的岩石上,我国许多省份都有分布。它的藻体一般呈紫红色、黄褐色、褐色的软骨质,外表看起来很像鹿角,能够食用。

鹧鸪菜,红藻门仙菜目的一种。它能帮助驱逐小儿体内的寄生虫。与鹧鸪菜有同样驱虫作用的还有海人草,海人草主要生长在热带和温带海岸附近的浅海中,能够食用。它跟香港商人霍英东还有渊源呢,霍英东就是凭借海人草,赚取了人生第一桶金,由此可见,海人草还是很有价值的一种藻类。

蜈蚣藻是红藻门海膜科的一种藻类。它们在藻类中算是个头比较大的成员了,身高为 7 ~ 75 厘米。它们一般分布在沿海,喜欢生长在潮带岩石上。蜈蚣藻的效用有很多,不但可以作为食物的原材料,还能够应用在工业制胶上。

除了以上提及的各种红藻门成员,红藻门中还有多种其他的物种,比如:多管藻、瘤枝凹顶藻、金膜藻等。

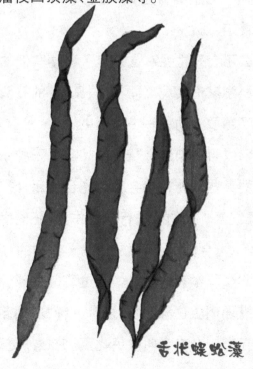

舌状蜈蚣藻

# 珊瑚藻的声明:我不是石头

陆地上有各种各样的石头,大海底部也生长着许多石头,其中有一类叫做珊瑚的"石头"非常特别。珊瑚姿态万千,色彩美丽,有紫色的,红色的,绿色的……

起初人们将它们看做普通的石头,但后来,人们发现这种"石头"会生长、繁殖、死亡……

石头怎么还会死亡呢? 这引起了科学家们的关注,经过仔细的观察、研究,科学家们发现珊瑚不是"真正"的石头,它们其实是一种身体里充满了钙质的动物——珊瑚虫。

正当人们以为珊瑚这种"石头"其实是一种动物的时候,科学家又发现其中的某些动物竟然会发生光合作用!它们的体内不但有叶绿素,还有藻红素。动物能进行光合作用,还能生长叶绿素、藻红素吗?当然不能。光合作用,那可是独属于植物的"法宝"啊!这一反常现象再次引起了科学家的关注,经过研究发现,原来这些珊瑚"石头"中,不但有珊瑚虫这种动物,还有一种"珊瑚藻"。

珊瑚藻还有一个名字叫做钙化藻。它属于红藻门珊瑚藻科的一

073

074

075

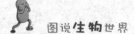

员。它们的叶状体非常坚硬,因为其体内含有跟石头类似的成分。它们最爱美了,喜欢穿五颜六色的漂亮衣服,比如:红色、紫色、黄色、白色、蓝色和灰绿色等。

珊瑚藻的出生日期也是在很久很久以前。最古老的珊瑚藻可以追溯到奥陶纪,奥陶纪大约开始在距今 5 亿年前,在距今 4.4 亿年前结束。现今存在的珊瑚藻的形态是从白垩纪发展而来的。白垩纪距今约 1.45 亿年开始,在距今 6550 万年前消失,这个时期内发生的一件大事就是恐龙的灭亡。

生物学家最初将珊瑚藻和珊瑚虫混为一谈,并将它命名为"类珊瑚动物"。主要是因为珊瑚藻同珊瑚虫长得太像了,看起来真的就像"姐妹花"一样。珊瑚藻不但长得像珊瑚虫,而且也能像珊瑚虫一样,造大山呢!由珊瑚虫堆积起来的大山叫做珊瑚礁。珊瑚礁是珊瑚虫群体死后,它们的遗骸形成的岩体。珊瑚礁能够为海底的鱼虾等动物提供生活环境。珊瑚虫是建造珊瑚礁的主力军,而珊瑚藻在珊瑚礁的建造过程中也立下了汗马功劳。

珊瑚藻为什么会有"造礁"的神通呢?这主要是因为珊瑚藻的细胞能够分泌出石灰质的"骨骼",也就是钙质鞘。钙质鞘虽然是建造珊瑚礁非常好的"材料",但是一旦这种钙质鞘将细胞全包住后,珊瑚藻的细胞就会死亡了!

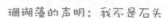

# 先进的褐藻门

褐藻门是藻类家族中比较先进的一类,这里的"先进"主要是从物种进化水平角度来说的。褐藻门的生命体是多细胞的,大致上可以分为三类:第一类是分枝的丝状体,有的分枝相对来说比较简单,

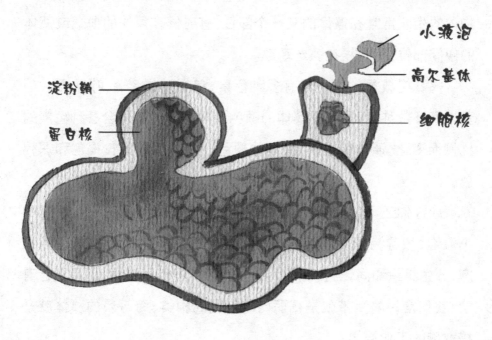

褐藻细胞构造模式图

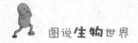 

而有的分枝则分化为匍匐枝和直立枝的异丝状型；第二类则由分枝的丝状体相互紧密地结合而形成假薄壁组织；第三类是三类当中最高级的一个类型，它是有组织分化的植物体。

大多数藻体的内部会分化成三个部分：表皮层、皮层和髓。表皮层中长有很多的细胞，而细胞中又含有载色体，一部分载色体具有同化的作用。髓是由无色的长细胞组成，起到输导和贮藏的作用。也就是说，褐藻门的体内细胞有了分工，各自起不同的作用。褐藻门植物体的生长常常在藻体的某一个部位，有时候在藻体的顶端或藻体的中间部位，有时候在藻丝基部。

褐藻门成员的体内含有多种色素，包括叶绿素 a、叶绿素c、胡萝卜素及数种叶黄素。而藻体的颜色会根据它体内所含各种色素的比例而变化，通常情况下，藻体的颜色一般会呈现出黄褐色和深褐色。

或许你还不知道吧？就在褐藻门的生物细胞中长有一种特有的小液泡，被称为褐藻小液泡，它的分布比较广，大量存在于生殖细胞、分生组织和同化组织中。大部分的细胞不但呈酸性，而且还含有碘，我们常说的海带就是褐藻门海带属的种类，海带属的藻体就是提取碘的工业原料。

褐藻门主要生长在寒带和温带的海洋里，喜欢在低潮带和潮下

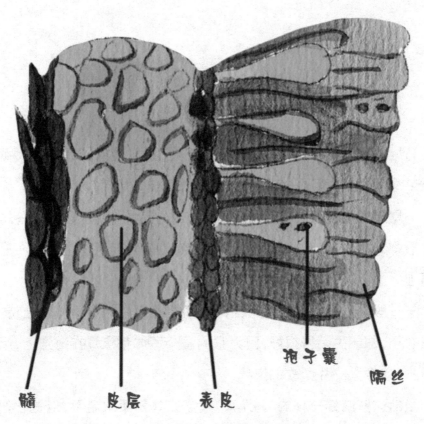

髓　　皮层　　表皮　　孢子囊　　隔丝

褐藻门藻体组织结构图

带的岩石上盘踞。褐藻门种类繁多,个体比较大,分布在地球的各个角落。褐藻门的繁殖方式也具有多样化特征,营养繁殖、无性生殖以及有性生殖均有涉及。如此多的繁殖方式,才保证了褐藻门在地球上如此繁盛。

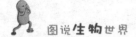　　　　　

# 魔海中的植物

马尾藻属是褐藻门中比较常见的一种藻类,能被人认知的大概有 250 多种,如海蒿子、海黍子、鼠尾藻、匍枝马尾藻等。

马尾藻多数属于暖水种类,主要分布在暖水和温水区域。马尾藻一般都有类似茎、叶、根的分化,这些特性使它们能够生长在海底岩石上。

与一般马尾藻不同的是,大西洋马尾藻海中的马尾藻很独特。它没有根,却能生活得很好,因为它的整个藻体都漂浮在海洋上,远远看去,就像是一片柔软的海绵。

虽然这些海绵一样的"马尾藻"看起来非常柔软温柔,但是它们可是海洋中名副其实的"刽子手"。从古至今,有许多贸然进入马尾藻海的船只被大量的海草缠住,难以逃脱。因此,马尾藻被称为"海上坟地"和"魔海"。值得一提的是,马尾藻海常年风平浪静,宛若一幅美丽的风景画。但平静之下却暗藏着马尾藻的"杀机"。如果过往的船只比较古老,而且没有蒸汽机的话,一旦贸然闯进这片海区,就会被活活地困死。

# 褐藻门的其他植物

水云属是褐藻门水云科的一属。它们显得"精悍短小"，个头一般比较小，主要为单列细胞构成的分枝丝状体。它们又很聪明，知道背靠大树好乘凉的道理，一般会选择附生在中潮带和低潮带马尾藻等大型的海藻上，只有少数种类，比如短节水云会独立地生长在潮间带的岩石上。

水云属

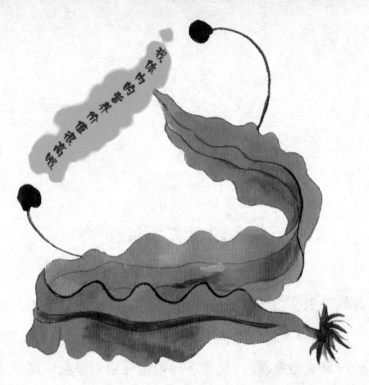

　　海带属，也是褐藻门海带科下的一属。海带属常见的有 30 多种类型，主要分布在日俄交界海域附近的千岛群岛、萨哈林岛和北海道。

　　海带，还有两个名字，即昆布和江白菜。海带体内的宝贝多着呢，是一种营养价值很高的蔬菜。它的体内含有：粗蛋白、脂肪、糖类、粗纤维、无机盐、维生素 C、碘等元素。正因为它体内含有多种营养成分，所以赢得了多种美誉"长寿菜"、"海上之蔬"以及"含碘冠军"。海带，虽然现在非常普遍，但是在古时候却非常罕见，那可是非常珍贵的"海味"，它曾是古代朝鲜和日本向中原朝廷进贡的贡品。

　　裙带菜，也是褐藻门海带目的一种。在古时候被称为莙荙菜。它的叶子看起来既像羽毛的形状，又像扇子、裙带的形状。裙带菜的藻体是微量元素和矿物质的天然宝库，正是因为它含有多种营养元素,所以又被称为聪明菜、美容菜、健康菜、绿色海参。

　　鼠尾藻,是褐藻门马尾藻属的一种。它的另外两个名字叫做谷穗菜和老鼠尾巴菜。它的藻体是黑褐色的,外形上看,非常像老鼠的尾巴,所以取名"鼠尾藻"。鼠尾藻的个头大小不一,小的 3、4 厘米,大的能够生长到 120 厘米左右。鼠尾藻比较"自闭",是生长在北太平洋西部特有的暖温带海藻。这种海藻是海参和鲍鱼等水产动物天然优质的饵料。所以,想吃海参吗? 想吃鲍鱼吗? 那就养鼠尾藻吧!

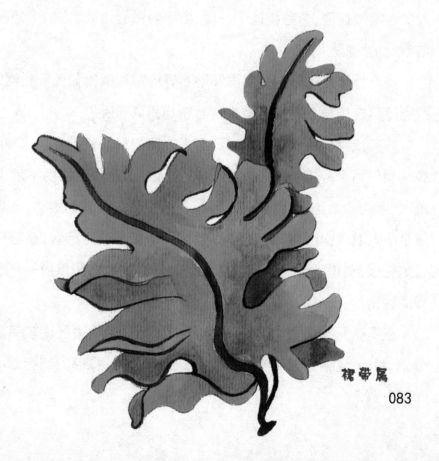

裙带属

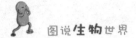

# 介于动物和植物之间的裸藻门

裸藻门是藻类家族中最牛的。它的牛气到底体现在哪些方面呢?体现在它活动的范围上。裸藻门是一种介于动物和植物之间的单细胞真核生物,在动物界中也占据一个重要位置!它在动物界内的名字叫做眼虫,单独构成了一属,名字叫做眼虫属。它的另外一个名字就是"裸藻"了。

裸藻为什么能够在植物界和动物界内都能取得如此要位呢?这跟裸藻门成员身上的哪些特性有着密切的联系呢?

其实,动物与植物被区别开,有多方面的标准进行参考,其中比较常用的两个标准:一是看生物体的细胞;二是看生物能不能生产氧气。动物的细胞没有细胞壁,而植物的细胞则具有细胞壁;动物一般是吸入氧气,吐出二氧化碳,而植物则是氧气的生产者,能够吸入二氧化碳,利用光合作用,制造出氧气。这也是动物和植物的一个重要的区别。

根据这两条规则,就能将生物界的大部分生物进行比较明确的分类。然而,这两条规则在裸藻身上却完全失效。裸藻的细胞却不像

其他植物的细胞一样,它的细胞内没有细胞壁,呈现出动物的特征;
另一方面,褐藻的细胞内又含有叶绿素的叶绿体,能够进行光合作
用,是氧气的生产者,呈现出植物的特征。

藻类这种既包含动物的特征,又包含植物的特征,让科学家们
在分类方面犯难了!怎么给"裸藻"这个特殊的物种划分类别呢?他
们经过了一系列认真的思考,干脆赋予裸藻两个身份:一个就是藻
类界中的裸藻,另一个就是动物界中的"眼虫"。

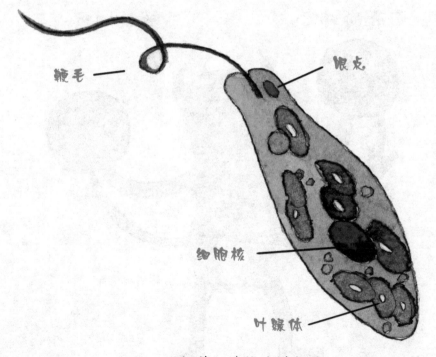

鞭毛

眼点

细胞核

叶绿体

裸藻细胞构造模式图

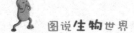 

　　别看裸藻横跨动物、植物两界,显得牛气得不得了,但事实上,它在原生生物中是比较低等的一个种类。但是,低等归低等,它在动物、植物两界的生活都是如鱼得水,它既可以像植物一样生活,也可以像动物一样生活。如果在有光的条件下,它可以像绿色植物一样,利用光进行光合作用,将二氧化碳合成糖类,给自己的生命提供生

活所需要的营养物质。如果环境中没有光线，裸藻还可以像动物一样，通过自己的身体吸收溶解在水中的有机物质，这种行为叫做渗透营养，是一种异养方式。

裸藻不但能够像动物一样，过着异养的生活，同时也能够像动物一样进行缓慢的运动。裸藻主要靠顶上的鞭毛，鞭毛可以进行摆动，就像船桨一样，能够产生一个向前推动的力，裸藻就依靠这个向前的推力而慢慢前进。

人类走路的时候，需要眼睛来辨别方向，而裸藻运动前进的时候，也能根据环境的变化来调整自己的方向，不过它们靠的并不是眼睛，而是眼点。眼点生长在裸藻鞭毛基部紧贴着储蓄泡。眼点主要是由类胡萝卜素的小颗粒组成的。

裸藻门下，还有几种具有代表性的成员，比如：海生裸藻、血红裸藻、旭红裸藻等，其中还有一个比较特别的种类叫做冰雪藻。冰雪藻主要生长在终年积雪的地方，它在零下数十摄氏度雪上生存的时候，会使雪变成红、绿、黄等颜色。

在这么寒冷的地方，冰雪藻却一点儿都不偷懒，还是能够利用阳光进行光合作用，生产有机物，养活自己。不仅能养活自己，裸藻门还能够养活别的动物，在裸藻分布的地方，它也成为很多动物的美餐。

# 成员最多的硅藻门

硅藻门在藻类家族中，成员最多，数目高达11000多种。它们比较喜欢海水，所以在海洋中，硅藻的种类最多。

硅藻这个类群的成员的个头都不算大，最小的大概有 3~4 微米，最大的也只有 300～600 微米。也就是说，硅藻当中的"大个子"藻类，10 多个叠在一起，可

088

能才会有一粒米那么高。

群体个头小并不是硅藻门植物的主要特征,它们与其他藻类的差别主要体现在细胞上。它们的细胞既不像动物那样没有细胞壁,也与许多植物的细胞大大不同,它们的细胞由大量的硅质组成,看起来很像贝壳的形状,分为上下两部分,上面的盖子叫做上壳,下面的盖子叫做下壳。上下壳之间还有一圈儿"环带"。硅藻藻体中的色素主要有叶绿素 a、叶绿素c、β–胡萝卜素、α–胡萝卜素和叶黄素。叶黄素类中主要含有墨角藻黄素,其次是硅藻黄素和硅甲黄素。它的藻体主要呈现出橙黄色和黄褐色。它的同化产物主要是金藻昆布糖和油。硅藻的繁殖方式主要以细胞分裂的营养繁殖为主。

硅藻的细胞不但形状与众不同,它还有一种与众不同的功效呢,能像孙悟空的金箍棒一样可以"变大变小"。孙悟空的金箍棒要变大变小,主要取决于孙悟空的口令,而硅藻细胞的大小则由硅藻的复大孢子决定。硅藻细胞经多次分裂之后,它的个子会越来越小,到了一个限度后,这种小细胞就不再分裂,会产生一种孢子,从而恢复原来的大小,这种孢子的名字就叫做复大孢子。

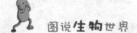

硅藻死后,它们的外壳,即细胞壁,因为非常坚固,所以一般不会分解,会沉在水底,经过亿万年的积累和地质变迁,将会成为一种硅藻土。这种硅藻土在工业上应用非常广泛。

俗话说,林子大了,什么鸟都有。硅藻门成员众多,除了能给人类带来帮助的成员外,自然也会有一些给人类带来大麻烦的成员。如有骨条藻、菱形藻、盒形藻、角毛藻、根管藻、海链藻等,当它们生殖过快的时候,就会形成赤潮,这个时候就会使水质恶劣,给渔业以及其他水产动物带来非常大的危害。

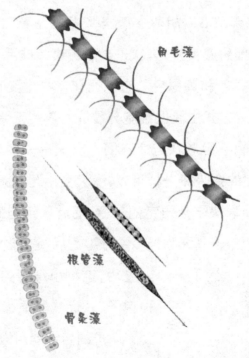

角毛藻

根管藻

骨条藻

# 被称为防御大师的甲藻门

甲藻门为藻类家族九大门派之一。它门下的成员之所以聚集在一起，其中有一条比较显著的共同特征，那就是它的单细胞一般都具有双鞭毛，正因为这个特征，甲藻又被命名为"双鞭甲藻"。甲藻门一般采取细胞分裂的方式繁殖。甲藻门的藻体内含有叶绿素 a、叶绿素c、β–胡萝卜素、多甲藻[黄]素、硅甲藻素、甲藻素、硅藻黄素等，由于甲藻门藻体中的黄色色素类的含量比叶绿素的含量大 4倍，因此，甲藻门成员通常呈显出黄绿色、橙黄色或褐色。甲藻门的同化产物是淀粉和油。

"甲"字在古代通常与战争、士兵有关，比如盔甲可以保护战士的头部；铠甲可以保护战士的腹部、胸部。甲藻门也沾上一个"甲"字，它有什么秘密武器呢？告诉你吧，在甲藻的体内生长着一种刺丝胞，这种刺丝胞是从高尔基体中生长出来的，当它遇到敌人的时候，就会放出刺丝胞，刺丝胞长约 200 微米，放出后，不收回，会被水溶解。甲藻门的植物在遇到敌人的时候，下意识地放出刺丝，但是刺丝的作用有多大，科学家还没有给出一个明确的答案。

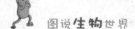 

　　甲藻门的成员大多数喜欢生长在一望无际的大海,只有少部分喜欢在淡水中生长。还有更少的一部分喜欢寄生在鱼类、桡足类和其他脊椎动物体内。甲藻种类很多,是水生动物的主要饵料。但是当它大量繁殖的时候,也会使水变成红色,形成"赤潮",发出腥臭的味道,能够产生大量的有毒物质,会造成鱼虾的死亡,对渔业的正常发展危害很大。

　　甲藻门分为两纲:甲藻纲和寄生的共甲藻纲。甲藻纲下又分出两个亚纲:横裂甲藻亚纲和纵裂甲藻亚纲。纵裂甲藻亚纲分为纵裂甲藻目和原甲藻目。横裂甲藻亚纲下又分出了5个目,其中最主要的是多甲藻目。

　　甲藻门中有一个比较有趣的类群,叫做"夜光藻属"。夜光藻就

鞭毛

甲藻门

像萤火虫一样,能在黑暗的夜色里,发出光芒。萤火虫能够发光是因为它的体内含有一种磷化物——发光质。这种发光质在体内经过发光酵素的作用,能够产生一些化学反应,而发光则是萤火虫体内化学反应之后的一个附加品,这就如超市买东西时的买一赠一。

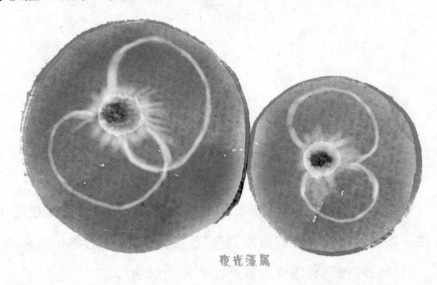

夜光藻属

夜光藻的发光机制是细胞内发光,在对外界刺激做出应激性反应时,夜光藻就会发光。夜光藻是一种单细胞的植物,细胞是球形的,直径约1~2毫米,肉眼就能看到。它的细胞无色或是绿色,当它们在海面上大量生殖时,就会形成粉红色的赤潮。当夜光藻夜晚在海面上"游泳"时,受到海浪的冲击,就会闪闪发光。夜光藻比较怕冷,一般不会到寒带海区"旅游",当然它们还是一群比较喜欢行走

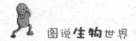

的"驴友",除了寒带海区外,几乎世界上其他海区都有它的影子。

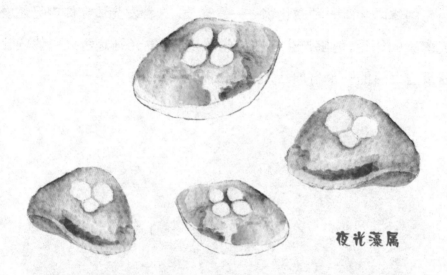

夜光藻属

　　甲藻门中的许多成员,当它们的生活环境过于"安逸富足",也就是水体出现富营养化的时候,它们就会大量繁殖,容易形成赤潮,这个时候会对鱼虾和渔业发展产生不利的影响。

　　如果说甲藻门中那些容易产生"赤潮"的成员是鱼虾的隐形杀手的话,甲藻门中还隐藏了一大批真正的"刽子手"。如甲藻门中的长崎裸甲藻、无纹环沟藻、多环旋沟藻、链状亚历山大藻以及塔玛亚历山大藻等屠杀的对象是水中的鱼虾,使用的不是刀剑,而是毒素!这些藻类的体内能够分泌出毒素, 这些毒素一旦积累到了一定的量,就会使鱼虾死亡!

# 中庸平常的金藻门

金藻门在藻类中属于比较中庸平常，没有过于与众不同的特点。之所以单独将它拿出来作为一个独立的"门派"，与它的色素体有很大关系。金藻门成员的色素体主要是金褐色、黄褐色或者黄绿色，除了含叶绿素外，还含有较多的类胡萝卜素。它的同化产物主要是白糖素和脂肪。白糖素又称白糖体，为光亮而不透明的球体，常位于细胞后端。金藻门比较爱干净，一般分布在淡水中，而且主要分布在透明度较大、温度比较低的水中。它们不怕冷，喜欢比较寒冷的季节，尤其是在早春以及晚秋生长旺盛。

金藻门生长繁盛对于鱼虾来说并非是好事。金藻门的大量繁殖能够形成赤潮、水华，给渔业带来很大危害。其中有一种叫做小三毛金藻属的植物的破坏能力非常强，它们还具有很强的毒性。当它们大量繁殖的时候，会向水中分泌出细胞毒素、溶血毒素和鱼毒素等五种毒素。

这五种毒素能够使鱼类和水生动物中毒死亡。三毛金藻属分泌出的毒液很有特点，它们不能让鱼虾直接死掉，而是一种慢性中毒。

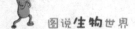 

鱼虾中毒后,会变得焦躁不安,等时间长了,会危害到生命。

金藻门中也有对地球、对生态、对人类贡献很大的功臣,比如钙板金藻。钙板金藻还有两个名字叫做球石藻和颗石藻。它有一项绝技,能够减缓温室效应。它的细胞壁会产生一种化学物质,这种化学物质可以散播到空气中,使天空的云量增多,云量增多之后,可以抗拒阳光的反射,从而能够减缓温室效应。另外,钙板金藻和硅鞭金藻死亡后,会给大自然以及人类留下一个宝贵的遗产呢。

球石藻

为什么它们的尸体能够变成宝贵的遗产呢?主要是因为它们的尸体沉积在海底,有的能够形成化石,有的能够形成颗石虫软泥,它们能够为科学研究提供重要的依据。

# 势单力薄的黄藻门

相对于蓝藻门、绿藻门、红藻门来说，黄藻门在藻类植物中未免势单力薄一些。整个黄藻门大概有 75 个属，370 多个种类。黄藻门的藻体中有单细胞和群体的分别。它的"衣服"，也就是细胞壁的主要成分是果胶化合物。黄藻门成员的光合作用色素主要成分是叶绿素 a、叶绿素c、β－胡萝卜素及叶黄素。黄藻门植物的同化产物主要为油滴、金藻昆布糖以及脂肪。

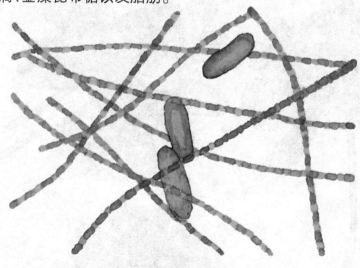

黄藻门植物

黄藻门成员比较集中，一般都在淡水环境中安家。

虽然大环境比较相似，但是黄藻门成员在小细节上还是有差别的，比如，有的喜欢生长在钙质比较多的水中，有的则喜欢生长在少钙的环境中，还有的则喜欢生长在酸性水中。

黄藻门虽然力单势薄，但是破坏力却非常强。当它在水面上大量繁殖的时候，会和水里的鱼虾争抢水中的氧气。它们抢走了鱼虾赖以存活的氧气，对鱼虾等小动物的正常生长非常不利，正因为此，黄藻门成员的生长力过于旺盛的时候，渔民们就非常头疼。

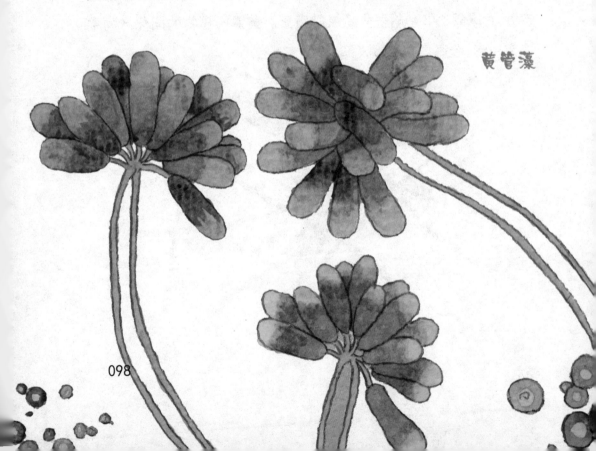

黄管藻

# 海藻的魔法

关键词:海藻、分布特点、海底森林和草原、海洋变色、海火

导　读:生活在海洋里的藻类,被赋予一个新的名字——海藻。海藻,既丰富了海底世界的生物构成形态,亦会引发赤潮等危害。

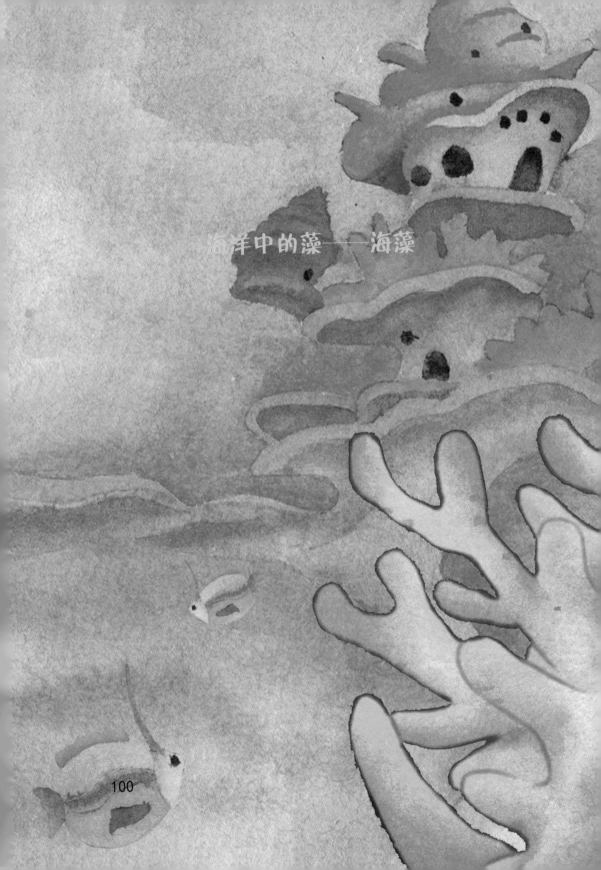

海洋中的藻——海藻

100

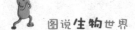　　　　　

　　藻类分九大门,遍布地球的每一个角落,从南极到北极,从高山到陆地,无处不在。

　　而每个分布点藻类的数量和种类或多或少都有一些差别,比如,高山上生长着雪衣藻,冰冷的南极生长着冰雪藻。但是,你知道藻类最喜欢生活在什么地方吗? 其实,藻类最喜欢生活的地方就是海洋。

　　海洋的世界极其辽阔,占地球总面积的79%,它像是一个胸怀宽广的妈妈,几乎接受所有投奔它而来的孩子。藻类九大门几乎都能在海洋里"安家立业"。在海洋里,它们可以建立起属于自己的藻类王国,而且还被集体赋予了一个新名字——海藻。

　　海藻生活在海洋中,是大自然中的隐花植物。所谓隐花植物,指的是不产生种子,而直接通过孢子繁殖的植物。除了海藻外,地衣、苔藓等都属于隐花植物。

　　海藻从形态上可以分为两类:微细藻类和大型藻类。

　　微细藻类个头比较小,人类的肉眼一般看不见,它们一般在大海中过着浮游生活,漂零度日。比如螺旋藻、隐藻、金黄藻、针晶藻、眼虫藻等。

　　而大型藻类则一般具有假根,可以在海水中谋得一席固定的立足之处。比如褐藻门的海带、裙带菜,绿藻门的水绵、丝藻等。

# 海藻分布特点

海藻是在海洋中生活的藻类的总称,它们虽然一起生活在大海的怀抱中,但是,它们并不是聚集在一起。

它们根据自身的特点以及喜好的环境,特别是根据自身所含色素的种类以及含量的比例的变化,可以在大海的怀抱中找到一个独属于自己的位置。这个位置放在大海中叫做潮间带。潮间带就是根据潮汐的大潮、小潮的变化,分为上部、中部和下部三个区域。

在潮间带的上部,也就是水位相对来说比较浅的位置,绿藻门的许多成员一般在这里安家立业,比如刚毛藻、石莼、石发等。

绿藻为什么喜欢在这个位置安家呢?一方面是因为在这个区域内,绿藻体内的叶绿素和胡萝卜素能够有效地吸收到阳光,进行光合作用。另一方面则是因为它们自身的结构特征,可以忍受强光的直射和每日两次涨退潮的干湿变化。

在潮间带的中部,安家的主要是褐藻门的成员。

在潮间带的下部以及低潮线附近,安家扎营最多的则以红藻为主,常见的有龙须菜、小杉藻、角叉菜等。

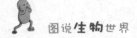 

而低潮线附近的生存环境一般比较恶劣，因为这个区域的海浪比较嚣张、霸道，会不停地拍打海岸。在海浪的冲击下，许多生物都因为经受不起"打击"而不能生存，为什么独独红藻能够在这个区域内生存呢？原因有很多，如有人认为，红藻能够从海水中吸收石灰质，石灰质能够给红藻门的成员补充体力，让它们更能承受住海浪的打击。

潮间带的藻类缤纷多彩，美丽异常，可以说是大海里一道绚丽的风景线。但是这道风景线到了夏季则会逐渐消失。不过没关系，大海里总会有漂亮的风景。

在潮间带以下，终年被海水所覆盖的亚潮带上，一年四季都有不同种类的藻类在这里安家。比较常见的有松藻、蕨藻、马尾藻和海木耳等。而且生活在潮间带以下的这些藻类，一部分可以给人类提供丰富的藻胶等工业原料，还有一部分藻类可以给人类提供食材。从这个角度看，人类未来开发海洋的目的，不止是捕鱼、钻取石油等资源，还可以从大自然赋予生物生活的地带，因地制宜，从中获取对于人类更有价值的物质。

潮间带可以说是我们人类亲近海洋的第一站，同时，它也是最容易遭遇人类污染破坏的地带。如果想看到更多美丽的生物生存繁衍下去，就需要我们有一颗呵护海洋的心。

# 海底也有森林和草原

草原和森林是陆地上两个比较重要的植被类型，关于这一点，可以说是众所周知。

但是，你知道吗？在海洋世界里其实也长着"森林"和"草原"。就像陆地上的草原有热带草原、温带草原等具体差别一样，海洋中的草原在形态、种类上也存在着同样的差别。

比如：我们前面提到过的马尾藻海。在大西洋的中心有一片海，它四面其实都不靠近大陆，只能算作"洋中之海"。由于海面上经常漂浮着一层没有根的马尾藻，所以被称做马尾藻海。

由于这个海区风平浪静，漂浮的马尾藻不能随波逐流，无法远途旅游，只好乖乖地呆在这个封闭的小地区内，"成家立业"，日积月累，马尾藻逐渐盖满了大约 450 万平方公里的海区。

而 450 万平方公里是个什么样的概念呢？差不多有一半中国那么大！就在这么大片的海区上，马尾藻乖乖地躺在海面上晒太阳，远远看去，确实很像一片辽阔无边的草原。

其实不光是马尾藻大量繁殖后看上去像草原，其他多种浮游植

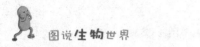 
物大量繁殖的时候，看上去也非常像草原的，比如说硅藻。

一年之计在于春，春天是硅藻门的硅藻们繁殖的高峰期。由于春天的阳光直射海面的时间变得长了，水温会逐渐升高，海洋垂直运动增加，从海底带上来的无机盐会丰富许多，硅藻有了足够的养料，自然大量地繁殖了。

在这段时间内，据统计，每个硅藻在一天之内体重和身高可以

我们是海上的草原

增大一倍,而一周之内一个硅藻可以产生 127 个小硅藻。

按照这个速度计算,硅藻在一个春季,短短 3 个月的时间内,数量可以增加 1000 倍。比如说,原来只有 2 个硅藻,但是,等到春季过完之后,它们就能产生出 2000 多个硅藻。

这个数据取的还是平均数,如果硅藻生活的海区营养品更丰富的话,它们的生殖能力更加不容小觑。据统计,在某些营养物质富集的海区,经过一个春季的繁殖,硅藻的数量能够达到 60000 倍呢。也就是说,假如,原来硅藻的数量有 2个,经过繁殖,它的数量能够达到 120000个。

总之,当春天来到后,海面上的浮游藻类会大量繁殖,这个时候,海洋会变成黄绿色,这是青草的颜色,远远看去,就变成了一片海洋上的"大草原"。

海洋里不仅有"草原",也会有"荒漠"。

荒漠的形成与草原的形成是相对的。在海洋上的某些"贫困"区域,因为缺乏藻类生长必需的无机盐,所以藻类的生长状态不太理想。尤其是到了冬季,藻类能够吃到的营养品更少了,这直接影响了藻类的繁殖,它们生长缓慢,就形成了海洋中的"蓝色沙漠"。

海洋里除了存在草原和沙漠外,还生长着森林。构成森林的主要是海洋中个子相对比较大的藻类。这些长在海底的藻类,它们不

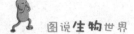 

像陆地上的植物那样，有根、茎、叶的分化，可以将根扎到地底下，而是用假根附着在海底或者岩石上，固定住自己的位置，然后直接从海水里获得营养物质，而不是像陆地植物那样，从土壤里获取营养物质。

陆地上，森林里的树木，矮的能长到 2～3 米，高的则能长到 100 多米。海洋中藻类的体格，比起陆地上的树木，可一点儿都不逊色。南太平洋的沿岸，生长着一种"海藻树"，它的个子能长到 3～15 米，有七、八层楼那么高！

海藻树的身高已经非常可观了，但是，它还不敢称自己的个子最高大，因为在海底还生长着一种"巨藻"。

巨藻喜欢生长在水深流急的海底岩石上，垂直分布于低潮线下 5～20 米。它的老家原在北美洲大西洋沿岸，此外，澳大利亚、新西兰、秘鲁、智利及南非沿岸等地也有零星分布。

称其为"巨藻"，它自然有这个资格，这种藻类的个子一般从几十米到百余米。最高的甚至能长到 500 米，这个高度大约是埃及金字塔的 4 倍，它们的一个"叶片"，差不多就能长到 40～100 厘米，差不多是我们一个手臂伸开后的长度。可以说巨藻是藻类王国中，个子最大的一个门派了。

正是这些个子比较大的藻类，最终构成了海洋中的"森林"。

108

# 海洋也会变色

　　在你的印象中,海洋是什么样的呢?你一定会说是蓝色的,透明的。但是我告诉你一件奇特的事情,这件事情发生在深圳的南澳海,有一天,没到一顿饭的功夫,南澳海竟然由蓝色的、透明的,变成了红色。而且这红色还向远处延伸了,几乎覆盖了数百米长的海岸线,足足有一个足球场的面积那么大。这种红色还不是平时见到的那样,而是红得很鲜艳,远远看去,跟远处碧蓝色的海水形成了非常鲜明的对比。

　　你一定会想,海水又没有学会"变脸"术,怎么就能那么神呢?怎么会一下子就从蓝色变成红色呢?

　　现在,让我们一起来揭开其中的谜团吧,人们经过研究发现,原来这是因为海水中有一种藻类叫做夜光藻,由于夜光藻大量繁殖,所以引发了赤潮,因此海水才会从蓝色变成了红色。也许你会说,这不是很好吗? 红色的海水也很漂亮啊!

　　赤潮虽然可以使海水变成美丽的五颜六色,但是危害非常大。前面提到过,有些藻类在大量繁殖的时候,会变成可怕的杀手,它们

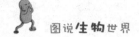　　　　　　

能将水中的鱼虾毒死。尽管有些像夜光藻一样的藻类不能分泌出毒素,但是它们还有另外一种危害,那就是当它们大量繁殖的时候,就会同水里的鱼虾抢夺海水中有限的氧气,这就造成了水中氧气不足,许多鱼虾就会因为窒息而死亡。是不是很可怕? 祸不单行的是,这样海水变脸的事情,不仅仅在深圳出现了,在其他海域也出现过。

引起海水变脸的原因,大多数是因为水中藻类的大量繁殖,引起了赤潮。赤潮里面的"赤"字指的就是红色,那么赤潮是不是都是红色呢? 并非如此。赤潮只是一个历史沿用名,它不单单是红色的,由于引发赤潮的藻类种类不同,从而呈现出了不同的颜色,比如褐藻大量繁殖的时候,引发赤潮,会让海水由蓝色变成褐色或者红褐色;角毛藻的大量繁殖引发赤潮的时候,会让海水变脸变成棕黄色;更加奇怪的是,绿藻引发的赤潮,顾名思义,会让海水变成绿色。由此我们可以看出,赤潮也不是都是红色的。

一般情况下,当大海出现赤潮时,维持的时间很短,等赤潮的危机解除后,海水又恢复到原来的蓝绿色。但是,大千世界无奇不有,我们的地球上还存在着几处大海的长期变脸,也就是说,大海在长时间内都不是蓝色或绿色的。

举一个例子,你一定会听说过红海吧。红海位于非洲东北部和阿拉伯半岛之间。正如它的名字,红海的海水是红褐色的。它的海面变成红色,虽然不是因为赤潮的原因,但是跟藻类有关。原来,在红海的表层海水中生长着一种蓝绿藻。这种藻类老死之后,尸体就会从蓝绿色变成红褐色。当大量死亡的藻类躺在海面上的时候,海水就会被"染"上了一层红艳艳的颜色。红海变脸呈现出红色,这种海水表面的蓝绿藻可以说是功不可没。

111

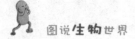　　　　

　　但是如果想把海水染红,这是一项很大的工程,仅仅依靠蓝绿色的话,这项工程不可能完成得这么完美。

　　事实上,蓝绿藻还有一个好帮手,那就是红海水底的一些珊瑚礁和两岸红色的山岩。在它们的映衬下,海水的红色越来越深。对了!红海能变红,还有一个帮手,那就是沙漠。红海附近的沙漠是红色的,红色的沙砾因为风的作用,经常会弥漫天空,掉入海水中,就能将大海染得更红。就是这样,多管齐下,红海由蓝绿色染成了红色,成了名副其实的"红海"。

　　除了红海,地球上还有黄海、黑海和白海。黄海在我国境内,主要是因为泥沙的堆积而形成;而黑海的形成则是因为黑海海水很深,表层的动物、植物死亡之后,尸体会沉到海底,深层的海水就会变成青褐色,人们从海面上看去的时候,只是觉得黑海海水的颜色很深,"黑海"这个名字就是这样得来的。

　　白海,位于地球北极圈附近。从远处看上去,它是一片洁白的世界,但事实上这里的海水还是无色透明的,它之所以被称为"白海",

这主要是因为北极常年被冰雪覆盖，白色冰山的漂浮，使海面上看上去，很少会见到那种汹涌的波涛，举目望去，能看到的只是一片白茫茫的颜色，白海因此而得名。

　　陆地上有一种漂亮的景观叫做烟火。烟火五彩缤纷,绚丽灿烂,让人非常喜欢。但是,你知道吗,海洋上也有一种美丽的景观,叫做海火。

海火在晚上看起来，缤纷多彩，有时候像星光揉碎了平铺在水面上，熠熠发光的时候又真的像是缤纷多彩的礼花爆破在水面上。海火其实就是海水发光的一种现象，为什么海水能够发光呢？据科学家们研究，主要是因为海洋中存在着能够发光的生物。生物的种类不同，导致的海火的种类也不同。

比如在海洋中生活的浮光细菌，它能使海面上呈现出一种乳白色的色泽，这是一种弥散型发光。而水母、环虫等大型动物受到刺激后，也会发光，产生海火，这种海火是闪光型的发光。另外，海火的类型中还有一种叫做火花型发光。火花型发光主要是浮游生物受到刺激后引起的发光。

浮游生物的种类很多，能够发光的藻类当然是不容忽视的一个类种。但需要强调的是，藻类九大门中，甲藻门是唯一能够发光的，它们一旦受到刺激，就会发出冷光。

海水发光在大自然中其实是一种比较常见的现象，但是"海火"这种景观不是随时随地都会出现的，一般来说，"海火"常常出现在地震或者海啸前后。比如 1976 年唐山大地震前夕，我国的秦皇岛和北戴河一带的海面上就出现了这种海水发光的现象。尤其是在秦皇岛的码头，当地人看到，当时海水发光，就好像海水中有一条火龙似的。

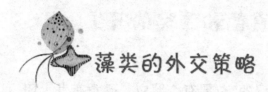 **藻类的外交策略**

关键词：藻类、共生、真菌、珊瑚、蝾螈、银杏

导　　读：共生就是指两种不同生物之间所形成的互惠互利关系。在共生关系中，一方为另一方提供有利于生存的帮助，同时也获得对方的帮助。作为藻类，也有共生，它不但可以和植物共生，也能和真菌、动物共生。

# 真菌和藻类的共生

俗话说,江湖上混的,总要有个照应。藻类有九大门,可谓藻多势重,但要想在地球上立足,不能总靠藻类九大门的成员。藻类秉承着"友好互助"的原则,偶尔也展开"友邻活动",与自然界的其他生物培养出好多种"共生关系"。

真菌和藻类之间就有打不散的共生关系,两者结合在一起,能够形成一种叫做地衣的新生物。地衣秉承了藻类和真菌类"适应力强"的优良品质,它在各种各样的恶劣环境中都能生存,如树干、土壤以及悬崖上。

这种共生关系使双方都有好处。具体来说,被菌丝缠绕的藻类,能够通过光合作用,在自己体内的小工厂中,加工制造,生产出有机养分之后,供给自己和真菌。藻类辛辛苦苦地制造有机物,真菌也没闲着,它们能够吸收水分和无机盐,为藻类进行光合作用提供原料。

真菌和藻类的共生关系,看起来遵循的好像是平等互助的原则。但事实上,两者关系的成立其实是一种不对等关系。这种不对等主要体现在,地衣中的藻类如果离开了真菌,可以独立自主地生存,但是真菌一旦离开了藻类，吸收不到有机营养，只能被饿死。

　　前面提到过，某些藻类有指示灯的作用，藻类与真菌的合成物——地衣，其实也有这个功效的。地衣对大气污染非常敏感，因此它常常被用作大气质量的指示生物。在大气污染非常严重的地带，地衣几乎是绝迹的，能够形成"地衣荒漠"。

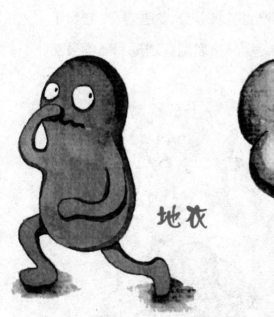

地衣

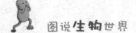

# 珊瑚和藻类是好友

　　珊瑚在人类印象中是一种漂亮的景观。它们经常会呈现出红、绿、黄等非常鲜艳明丽的颜色。可是,你知道吗?珊瑚本身是白色的,它体内的颜色是"借来"的。颜色的主人其实是与珊瑚共生的藻类。

　　珊瑚与藻类共生,也是一种对双方都有利的生活模式。珊瑚能为藻类提供一张"床",让它们聚集在珊瑚两层细胞的内层,正常地生长、休息。而藻类通过光合作用,产生有机养分,这些养分,它除了供给自己生命需求外,还慷慨地将食物分给珊瑚。珊瑚和藻类虽然

关系很铁，但这种共生关系不是说一形成就永远不会破裂。

事实上，当环境变得恶劣时，比如说，水温太高或者太低，海水过于浑浊，或者水中的盐度因为大雨骤降后降低，与珊瑚共生的藻类会离开珊瑚体内，这个时候，珊瑚就会失去鲜艳明丽的色彩，变回白色。这种现象有一个专业的名字——珊瑚白化。

珊瑚和藻类的共生关系破裂，对珊瑚来说损失极大。失去亮丽的颜色只是其中比较轻的，严重的话，珊瑚会因为失去了藻类提供的养分而死去。

藻类交友面很广，它不但能与珊瑚形成共生关系，还能与无脊椎生物中的其他物种形成共生关系。比如：原生动物中的绿水螅、蜗虫、绿眼虫。

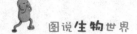 

# 藻类与动物的友谊

藻类与无脊椎动物的友谊维护得不错,它与多种生物,比如:珊瑚、绿眼虫、绿水螅等都形成了互帮互助的共生关系。基于这种现象,人们以前一直认为藻类只能与无脊椎动物形成共生关系,但是,这种观念从蝾螈身上开始被打破。

蝾螈是一种两栖动物,体形看起来跟蜥蜴很像。它与藻类的共生关系,很早就被人得知,但是人们最初认为,这种共生关系主要存在于蝾螈的胚胎内。蝾螈的胚胎产生的含氮废物是绿藻的营养,同时,绿藻的光合作用能为胚胎提供氧气。后来,随着人们对其认识的逐渐加深,发现藻类与蝾螈的关系比我们之前了解到的要好得多,它不但能在蝾螈的胚胎里生存,还能进驻到蝾螈身体的各个细胞里生存生长。蝾螈的细胞为藻类提供一个安身立命之处,而藻类可以为蝾螈的细胞提供光合作用的产品——氧气和糖类。

另外,科学家们还发现蝾螈母体的输卵管内也有藻类的存在。这个发现可以证明共生藻不但可以跟蝾螈妈妈交朋友,还可以跟蝾螈妈妈肚子里没有出生的宝宝交朋友,建立共生关系呢!

藻类同蝾螈的朋友关系、共生关系，维护得相当稳固。这种稳固，让科学家非常惊奇。因为像蝾螈这种脊椎动物的体内应有免疫系统。

免疫系统是蝾螈身体内最负责任的战士，一旦有外来"陌生物体"试图入侵蝾螈的体内，它就会雄赳赳、气昂昂地开始作战，将所有敌人驱逐出体外。

正是因为这个原因，科学家们认为藻类要在脊椎动物的细胞内建立一种稳定的共生关系，根本是不可能的。那么蝾螈和藻类的朋友关系是怎么维持的呢？难道是蝾螈体内的免疫系统不起作用了？关于这个问题，科学家还没有给出一个确切的说法。

# 银杏体内有幽灵

银杏树对于大家来说并不陌生吧？银杏，又叫做白果树，但是你知道吗？它还有另外一个很有意思的名字，叫做"公孙树"，之所以起这个名字，当然不是因为银杏姓"公孙"，它的寓意你绝对想不到，那就是爷爷辈种的银杏树，一直到了孙子辈才能吃上果子。

怎么样？很神奇吧，但是这种说法一点儿都不夸张，一般来说，银杏树从栽种到结果需要花费 20 多年的时间，大量结果则需要 40 多年的时间。

关于银杏，你还有一点不能不知道，它其实还是一个房东呢！你肯定会问，银杏是一种植物，怎么会是房东呢？还真有一种藻类住在银杏树上。而且奇怪的是，银杏树这个房东只收留藻类这么一个房客，不过这种藻类还不知道它的名字，估计是它不太知名吧！那么，这种藻类住在银杏树身体的哪个地方呢？银杏树为它的特殊房客提供的房子是银杏树身体内的细胞。

124

这种不知名的藻类就像是幽灵一样居住在银杏树内,并且这种藻类也很"顽固",因为它只居住在银杏树内,其他的地方一概不住,你说它"顽固"不"顽固"?但是,为什么这种藻类只居住在银杏树内呢?科学家研究发现,这是因为这种藻类缺乏细胞核,也没有叶绿体,它只能借助银杏树体内的细胞核生存,并用银杏树的细胞叶绿体进行光合作用,以此来维持自己的生命。

　　如果银杏树死了之后,生活在银杏树体内的藻类会不会也要死去呢?经过科学家研究发现,当银杏树体内的细胞死亡后,这些幽灵藻类反而更加活跃起来,它能产生一种新的技能,变身成一种能够自己进行光合作用的藻类。这么一说,银杏树的死不但不会给藻类造成危险,而且还会使原本不会进行光合作用的藻类能进行光合作用了。看来这种藻类真的很懒啊,非要等到"房东"的细胞死亡了之后才"自力更生",没有了靠山,藻类只能依靠自己了。

　　银杏树这个房东对它的房客可以说是相当的慷慨,不但给它们提供住的地方,还给它们提供食物和水源,帮助它们生存。大千世界真的是无奇不有呢,不过,这个世界上没有不交房租的房客,对于这种藻类来说,也不例外。

那么,银杏树为它的房客提供了这么优越的生存条件,它的房客藻类到底要拿什么作为房租呢? 这个问题科学家研究了很长时间,但是遗憾的是到现在还没有确定的答案。

不过有一点,科学家已经研究得很明确了,那就是银杏树与体内这个幽灵一样的房客的共生关系已经维持了亿万年之久,看来它们真的是彼此离不开了。

# 藻类的功与过

关键词：藻类、生产者、清洁、多面性

导　读：别小看藻类，它却能吸收二氧化碳，并释放氧气和有机物。藻类还承担着一个净化空气、水体的任务，堪称生物界的"清洁工"。当然，藻类也有多面性，它在大量繁殖的时候，会引发赤潮等水体生态危害。

# 藻类是个生产者

藻类"脾气好"的时候,喜欢生产各种东西,是大自然中当之无愧的生产者。藻类这一大家子生产出了什么东西,它们用的原料又是什么呢?

藻类就像陆地上的绿色植物一样,它们生产出来的产品是氧气和有机物。氧气的作用可大了!因为,氧气是维持我们人类生命和呼吸的必需品。

除了生产氧气以外,藻类还生产有机物。

有机物是什么呢?往大里说,有机物组成了我们世界的一半,世

界的另一半是由无机物组成的。

　　往小里说，有机物是我们人类的营养品。人类要生存，必须摄取六种基本营养物质：糖类、脂肪、蛋白质、维生素、无机盐和水。六种基本营养物质中，前四种都是有机物。而这四种营养物质，藻类都能生产。由此可见，藻类的生产力是多么强悍。

　　藻类的产品是氧气和有机物，它们的原料又来自哪里呢？答案是阳光。阳光是世界上最大的原料厂，藻类和陆地上的许多绿色植物一样，都从阳光里直接获取生产所需的基本原料。

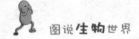

# 藻类是个清洁工

藻类在地球漫长发展史中,对于整个地球的生态环境作出了重要的贡献。

在距今大约 42 亿年前后,地球上的生态环境非常恶劣。地面气温很高,差不多达到 80℃~90℃以上,如果鸡蛋放在地上,用不了多长时间,就能直接被烤熟。另外,当时的大气主要是由水汽、二氧化碳、一氧化碳、甲烷、硫化氢、氢气等成分组成,其中的一氧化碳、甲烷、硫化氢等都是有毒气体。又热又有毒,在这么恶劣的大气环境下,生物根本就不能生存,正是因为这个原因,那个时候的地球没有生命,没有生机。直到距今 38 亿年前后,地球上出现了生命,地球的温度有了一定的下降,但是环境仍然还是很恶劣,在这种环境下能够生存的只有病毒、细菌和蓝藻。

从蓝藻出现以后,地球上的环境得到了很大的改观。蓝藻能够通过自身的叶绿素,吸收二氧化碳,同时进行光合作用,放出氧气。随着时间的推进,蓝藻经过不懈的努力,大气中的氧气含量增加,环境得到了根本的改善,地球上的生命体越来越多,地球变得丰富多彩起来。

藻类不但能够净化大气环境,同时能够净化水体环境。

随着工业的发展,一方面,藻类中的某些种类在光合作用过程中产生的氧气,能够促进细菌活动,进而加速水中有机物的分解过程,将水域里的垃圾"打扫"干净,使污水、废水得到净化,它们是水环境中当之无愧的"清洁工"。不过这个"清洁工"并不是什么时候都能干出好事情的,当它们"爆发坏脾气"、大量繁殖,并引发赤潮的时候,对水域的整个环境都会产生不利的影响。总之,藻类对水域环境来说,既有好处,也有坏处。可以这样说,水环境的好坏,是"成也藻类、败也藻类"。

# 藻类的多面性

藻类"脾气"特别好的时候,它对人类也非常友好,喜欢在人类世界里到处乱窜,给人类做各种各样的事情,简直就是人类的朋友。

藻类为人类做的第一件事,就是为人类提供各种各样可以吃的食物,比如:蓝藻门中的葛仙米、发菜、海泡菜;绿藻门中的溪菜、刚毛藻、水绵、石莼、礁膜、游苔、海松;褐藻门中的鹅肠菜、海带、裙带菜、羊栖菜、鹿角菜;红藻门中的紫菜、海索面、石花菜、海萝、麒麟菜、鸡冠菜、江篱等,这些藻类都是我们生活中常见的食用藻类。藻类的营养价值非常高,它们的体内含有大量的多糖、蛋白质、无机盐、碘等元素,这些元素对人类的健康来说,都是有益处的。

藻类为人类做的第二件事,就是帮助爱美女士变得年轻漂亮。海生的绿藻体内含有一定数量的锗,锗的作用很多,其中有一项就是能够增加人体血液吸收氧气,促进新陈代谢,减缓疲劳,防止老化。另外,大部分的红藻和蓝藻可以为女士的肌肤增添水分,保持一个清新滑嫩的状态。而褐藻则具有减肥的功效。总之,九大门的藻类,各有神通,是爱美丽女士的好助手。

藻类还能帮渔民赚钱呢！藻类繁殖能力很强，能够迅速长大，变多，然后成为鱼类的养料，鱼类的产量就会大大地提高，渔民自然欢喜。藻类除了能够被鱼类直接摄取外，当它们死亡后，分解成有机物，依然能为浮游在水里的生物提供食物，提供营养。藻类还能为鱼类产卵起到保护的作用，可以很好地保护鱼卵和鱼苗。藻类的这些特性，使它们成为鱼类的好朋友，在促进渔业发展方面作出了很大的贡献。

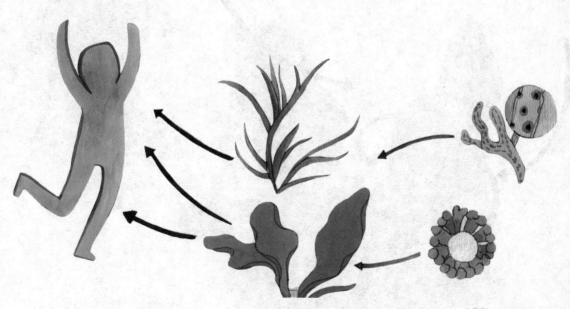

但千万别忘了，藻类还是个不折不扣的"两面派"，它们既能作贡献，也能搞破坏。就像前面提到的那样，藻类中的许多品种在水体中大量繁殖的时候，会抢夺鱼虾的氧气。当鱼虾能够吸收到的氧气变少的时候，它们很容易会因为窒息而死亡。

藻类不但会跟鱼虾进行"夺氧大战"，有时候还会对鱼虾"下毒"呢！它们中的某些种类的体内在特定时期会分泌出毒素，这种毒素会直接导致鱼虾中毒死亡。

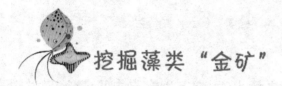

# 挖掘藻类"金矿"

关键词：生物能源、铁矿、磷矿、工业生产、发电

导　读：小藻类，大能量。藻类能够为人类源源不断地提供各种能源，比如，从藻类中能提炼出一种生物"原油"，在工业、食品等生产领域不乏藻类的身影。除此之外，藻类还能够发电。

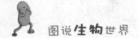

# 小藻类，大能量

藻类是一种古老的生物，它在生物界中的辈分，自然很高，但是辈分高，并不代表它就比其他生物先进。事实上，藻类在生物界属于那种最低等的。它们虽然结构简单，但能生产出一种生物"原油"。这种生物"原油"相当于石油的原油，可以用来提炼汽车、轮船、飞机等交通工具的燃料。

藻类的这个特性，让它成为了名符其实的"绿色钻石"，引发了全球范围内的"第三代生物能源"——藻类的开发热。美国更是启动

了"微型曼哈顿计划"，开始了从藻类中提炼石油的具体行动。

在生物造油方面，为什么藻类会受到人类的青睐？这与藻类自身的一些特性有关。藻类繁殖能力很强，生长速度很快，另外它生长不需要占用很多资源，只要有阳光和海水，哪怕是在废水和污水中，它们也能够生长得非常茁壮，生长速度以天计算，从生产到产油大概只需要两周的时间，而像"大豆"等能源作物，完成这个过程大概需要几个月的时间。

另外，藻类的产油量也非常可观，据计算，一亩

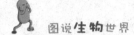 

大豆一年能够产油300公斤，而一亩海藻至少能产油2~3吨，这个数字大概是大豆的10倍。

大豆

让藻类成为石油的主要来源，是个不错的设想，但要让这个设想真正成为现实，还有多种难题需要解决。比如：藻类的品种多，要选择到比较适合的品种，这需要花费一些精力。另外，藻类快速的生殖能力虽然是它们受到人类青睐的一个重要原因，但是它快速的生殖能力又会让人担心，因为，当它们生长得过多的时候，阳光不够，就会大批死亡。

# 藻类全身是个宝

藻类全身是宝，它们不但可以给人类和鱼虾提供食物，还跟许多矿藏是"好朋友"，在矿藏的形成过程中帮了大忙。

藻类为铁矿的形成作出了大贡献。这是什么道理呢？原来这跟藻类的光合作用有关。藻类经过光合作用，能够产生大量的氧气，这

铁矿　　磷矿

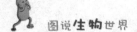　　　　　

些氧气可以使溶解在水中的铁离子，变成不溶解于水的铁离子，并且最终沉淀下来。日积月累，沉淀下来的铁离子越来越多，最后就变成了巨大的铁矿。正是因为这个原因，我们在铁矿中常常可以看到蓝藻化石。

藻类也是磷矿的好帮手。它们可以在水中不断地吸收水中的磷，并促成磷"手拉手"团结起来，沉淀下来，逐渐形成大型的磷矿。所以，挖掘磷矿的时候，常常可以看到藻类化石的影子。

藻类对于石灰石、珊瑚礁的形成过程中，也帮了大忙。比如说，蓝藻能把海里的某些物质凝聚在一起，并"趴"在这些物质身上，伴随着它们一起生长，一层层地沉淀下来，长年累月之后，能够形成层叠石。

你可不要小看层叠石，层叠石是非常著名的装饰材料呢，在人民大会堂的墙上、柱子和地板上，到处都能看到层叠石的影子呢！

另外，某些藻类与海洋中的碳酸盐颗粒以及碎屑相互"勾结"，还能形成几米、几十米甚至几百米高的石灰石沉积呢，这些沉积可是制造水泥的重要原料。

藻类除了是铁矿、磷矿形成的"好帮手"外，科学家们推测，它还跟其他矿藏有良好的"朋友"关系。比如说：锰矿、铜矿、铅铝矿、铜硫化矿等等。

# 藻类的本领多

藻类还有一项超级本领呢！它们可以用来修饰布料、浆丝等。也许你会问，藻类那么小的物件，怎么可以用来做布料呢?这就是藻类的神奇本领所在。

在我国广东，人们生产一种名叫"香云纱"的布料，就是用藻类制成的海萝胶作浆料。据说这种香云纱已经有 1000 多年的历史，由于它制作工艺独特，数量稀少，需要有精湛的技艺才能完成，具有穿着滑爽、凉快、除菌、驱虫、保护皮肤的特点，在过去被称为"软黄金"，只有朱门大户人家才能享用。

另外，一些藻类在工业生产中的用途也十分广泛，例如把藻类加入硝酸甘油后，可以防止爆炸事故的发生，也可以作为制造耐火砖、滤器、牙粉的原料。

在建筑业中，藻类也同样"神通广大"，人们通常用藻类制成的藻胶酸来粉刷墙壁、加固水泥、涂敷木材和金属品。另外，人们用这种产品还可以制成格子板和油毡的代用品。

同时，以藻类为原料所制成的产品，特别是一种叫做藻胶酸盐

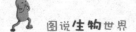 

的产品,已经被人们广泛地应用于工业生产中。比如说,琼胶在食品工业中可以作为凝固剂和糖一起制成软糖,还可以和淀粉一起制成包糖用的糯米纸。在制作面包时,加入琼胶,可以使得面包保持长期松软。把琼胶加入果子露中,制成冷冻的果汁,喝起来清凉润口。此外,人们在制鱼、肉罐头时加入琼胶,可以保持鱼、肉的原形,不致在运输中散开。在日本和欧美各国,人们还用琼胶作为酿造酒、醋、酱油的澄清剂。

在中国利用藻类做成食品有着悠久的历史,比如礁膜、石莼、裙带菜、紫菜、石花菜、海带、地木耳和发菜等。在中国云南,傣族同胞食用和出口缅甸等国的"岛"和"解"就是用淡水藻类中的水绵和刚毛藻加工制成的。你听着这些名字很奇怪吧,但是当地人确实是这么叫的。由于单细胞藻类中含有丰富的营养物质,又具有繁殖快、产量高的特点,所以早就引起了人们的重视,因此人们早就开始了大面积培养单细胞藻类为人类食用或作为家畜的精饲料,而且有的饲料已在国内外推广利用,比如有小球藻、栅藻等。

随着对藻类认识的日益深入,人们对其利用的范围也不断扩大,从现在初步的研究进度及成果来看,可以预料,藻类在解决人类目前普遍存在的粮食缺乏、能源危机和环境污染等问题中,将发挥重要的作用。

# 藻类能发电

藻类不但能够产油,帮助建造矿藏,还是个"发电"能手呢!

藻类明明只是一种生物,怎么可能发电呢? 这在科技落后的古代好像是不可能的,但在今天有些科学家却将这个看起来荒唐的设想变成了现实。不久前,国外的科学家研究过以藻类为基础的发电电池组,他们通过藻类细胞内的活动,从藻类中获得了微弱的电流。

如果使用藻类发电将会非常环保，因为在它们生产电的过程中，没有二氧化碳，只有氧气和质子。

　　在当前人类活动引发的全球变暖、碳排放超量的情况下，低碳生活成为每一个地球人都需要共同维护、努力的长远事业。从这个方面来说，用藻类发电是一种优良的绿色环保方式，而且藻类本身还可以再生。

　　但是，目前还存在着一些问题。其一，藻类只有在阳光的照射下，才能产生电流，如果它们被置放在黑暗中，发电将不会实现。其二，藻类的个子太小了，它们能够产生的电流也太小。当然，这些问题会随着科学技术的进一步发展逐渐被解决。